［ヴィジュアル版］
世界の
スパイス百科
大陸別の地理、歴史からレシピまで

ビーナ・パラダン・ミゴット

ダコスタ吉村花子［訳］

目次

まえがき……4
序文……7
はじめに……9
世界地図……12

ヨーロッパ……15
フランス……17
スパイスと香水……23
イタリア……24
スペイン……27
世界の支配者、
　　スパイスの支配者……28
イギリス……29
スカンディナヴィア……32
パンとスパイス……33
バルカン地域……34
コーカサス……37

アフリカ……41
マグレブ……43
モロッコ……44
愛のスパイス……46
アルジェリア……47
チュニジア……49
サブサハラ・アフリカ……53
トウガラシの仰天の歴史……55
西アフリカ……56
中央アフリカ……57
アフリカの角とマダガスカル……59

アジア……61
中東……63
レバノン……65
パレスティナ　イスラエル……67
イラン……69

南アジア……72
インド……71
スパイスの効用……79
東南アジア……81
シンガポール　タイ……83
東アジア……86
中国……86
韓国・北朝鮮……89
日本……91

南北アメリカ……93
北アメリカ……95
メキシコ……98
ペルー……99
アルゼンチン……100
ブラジル……101

スパイス事典……102

レシピ集……128
調味料……129
ミックススパイス……141
スターター……150
メインディッシュ……161
デザート……202
飲み物……215

付録……223
ご協力くださった方々……224
レシピ索引……231
参考文献……232
謝辞……235

まえがき

ビーナ・パラディン・ミゴット

　編集者クレリアからスパイス事典の執筆を提案されたときには、大好きなテーマにどっぷりつかれると天にも昇る気持ちでした。しかしその後、全世界がロックダウンし、その中で何か月もの間驚異の旅をすることになろうなどとは、当時は予想もしませんでした。

　執筆にあたり私は、日常生活の中でスパイスを使って個性的な料理を作る人々に出会いたいと思いました。昔から私は調味技術に魅せられていて、特に材料を旅へと誘うスパイスの力に興味を持っていました。ヒヨコマメひとつとっても、クミンとタヒニで香りを付ければフムス、インドのガラムマサラを加えればダール、モロッコのラスエルハヌートを使えばタジンになります。

　この事典では、私たちのスパイスに関する感覚を、オリヴィエ・ロランジェの言葉を借りれば、「脱西洋化」することにこだわりました。彼はことあるごとに、私たちはスパイスの世界で迷ってしまうことはあっても、決して西洋の視点を捨てきれない、と嘆きます。魔法の食材であるスパイスから連想するのは、たいていインド－ヨーロッパ間のスパイスロードや、この希少な食材を独占していたアラブ商人、そして彼らの仲介から抜け出そうと未知の世界に踏み出した探検家たちの一大冒険物語。けれども、来る日も来る日も丁寧に風味豊かな料理を作り、各地の味わいを添える無数の料理人のことは忘れられがちです。料理にスパイスを使うことで、私たちは古来のルールを生かした料理の作り手となると同時に、遥か彼方の他者を受け入れてもいるのです。

　本書の執筆は私にとって最高の旅であり、シェフと出会い、料理を愛するスパイス生産者たちとノウハウや愛情を共有する経験をもたらしてくれました。フランス南部ドローム県ヴォナヴェ・ラ・ロシェット村でのロックダウン中、私は毎日のように世界を旅しました。カンカル、パリ、マルセイユ、ニューヨーク、キ

ガリ、デリー、ムンバイ、ベイルート、ラバト、サルヴァドール・デ・バイーア。たくさんの方が惜しみなく料理を教え、未知のスパイスを贈ってくださった経験は何にも代えがたく、スパイスをいただいたら、料理の幅を広げようとすぐさま使ったものです。

　本書執筆にご協力いただき、友人を紹介していただいた皆様に心からのお礼を申し上げます。私にとってこの本を書くことは何にも勝る幸せでした。読者の皆さまにも同じくらい楽しんでいただき、毎日の生活に世界の多様な味わいを取り入れていただければ幸いです。

　この事典がスパイスの無限の世界を余すところなく映し出していることを願うばかりです。本書で巡る旅は豊かではありますが、すべてを網羅できるわけではありません。もし本書で触れていないスパイスやミックスを教えてくださる方がいらっしゃれば、メールをお送りください（beena@karmajoie.com）。スパイスの旅をご一緒できることを楽しみにしています。

まえがき

序文

オリヴィエ・ロランジェ

　人類は太古からスパイスに魅了されてきました。けれどもスパイスとは何でしょう。答えは曖昧で多種多様かもしれませんが、ひとつ言えることは、この上なく美しい、時にはこの上なく悲しい冒険や人類史へと私たちを連れていってくれるということです。スパイスは植物由来であり、葉、花、つぼみ、雄しべ、花弁、果実、種子、タネ、樹皮、茎、根茎、根を原材料とします。香り豊かな食用植物の集合ですが、ハーブや薬味とは違って、身の回りには生えていません。近く、あるいは遠いどこかから運ばれてくるのです。西洋人にとってスパイスは東洋の香りを運んでくれるものでしたが、クリストファー・コロンブス以降、東インドを目指したヨーロッパ人は、ついにアメリカにたどり着き、新たな西インドからトウガラシ、バニラ、カカオ、ベニノキを持ち帰りました。

　なぜ世界各地の料理がスパイスを取り入れたのか。その問いに答えるには、序文だけでは足りません。

　ビーナによる本書は、文化の混合を通して世界の料理の多様さを見せてくれます。ビーナと出会ったのは2008年。ご主人のヤニックとブリクールにある私のレストランに来たときのことでした。レストランはもともとサン＝マロの船主の家だったところで、現在ではスパイスのワークショップ、ラ・メゾン・デュ・ヴォワイヤジュールがあります。

　サーヴィス後にキッチンで彼女と話し始めたのですが、ヤニックはテーブルに一人取り残されてしまいました。以降、スパイスを巡る私たちの熱い議論は尽きることなく続いています。ケララ地方のスパイスについて語り合ったことはもちろん、コショウ、カルダモン、ナツメグ、ショウガ、ウコンが育つ庭を一緒に訪れたこともあります。またインド各地に昔から伝わるミックススパイスを、たいてい門外不出とされる調合に従いつつ現代風に手を加えたこともあります。

ビーナと私はムンバイやマドラスのカレー、ガラムマサラ、その他の伝統的ミックスを調合しました。スパイスの選択、焙煎、殺菌、製粉は、カンカルにある私たちの作業場で行い、娘マティルドが指揮を執り、プロフェッショナルで熱心なチームが協力してくれました。

　世界文化が豊かに入り交じったミックススパイスは人類の無形遺産であり、ビーナはそれらの資料やレシピを収集しています。各ミックスに使われる材料に目を向ければ、その国の歴史をさかのぼることもできるでしょう。

　スパイスや原料となる植物を列記してみると、侵略、征服、協力、文化的影響、移民を経験してきた様々な時代と地域の層が見えてきます。世界の料理の混合という美しい物語が形をとった結果生まれたのが、これらのスパイスなのです。伝統的ミックススパイスの原材料リストを見る限り、調合は固定しているかのように思えますが、実際には絶えず進化しています。

　各家庭には独自の調合があり、世代や人口移動と共にそれぞれの好みも変化していきます。マサラがイギリスカレーになり、レバント地域を経て日本のカレーになるまでには、どんな道を歩んだのでしょう。

　私も息子のユゴーも、こうした文化的混合を自分たちの料理に使おうとは考えませんでした。私たちの料理のルーツは、17、18世紀サン＝マロの冒険精神にあります。当時、サン＝マロの倉庫には、極東、東洋、中東、アフリカ、アメリカから輸入されたスパイスが保管されていました。風に吹きさらされた岩礁が点在するこの海賊の地ではすでに、風味のグローバリゼーションが進んでいたのです。以降、ブルターニュ産花崗岩の暖炉にもたらされたこの宝物は、フランス人の好みに調合されて使われてきました。

　伝統的な歌謡が踊りたいという気持ちをそそり、人々の心を弾ませてきたように、各国のスパイスは世界中の料理に魔法をかけてきました。その調合をじっくりと紹介しましょう。

はじめに

スパイスに厳密な定義はない。原材料は果実、漿果、樹皮、葉、根、根茎で、ラルース百科事典には「よい香りの植物性物質で、料理の味付けに使われる」とある。

スパイスを買う際のポイント

ホールかパウダーか

通常、ホールで買って、使うたびに挽くのがお勧めだ。挽きたてのスパイスに勝るものはない。とはいえ現実には、適切に焙煎したり挽いたりするための時間、道具、ノウハウを持つ人はごくわずか。自家加工した挽きたてのスパイスを販売する店で購入するのも選択肢のひとつだ。ただし唯一の例外はカルダモンで、数週間で変質してしまうので、使う直前にすりこ木を使って鉢で挽く必要がある。

保存

玉虫色のスパイス瓶をキッチンに飾ったらどんなに綺麗だろう。けれども残念ながら、光はスパイス保存の大敵。ガラス瓶に入れてしっかりと閉め、光の差さない棚に置いておく方がいい。

オーガニックか否か

オーガニックスパイスは、消費者の健康や環境に有害な化学物質が使われていないことを保証しており、規定によりスパイスのイオン化が禁じられている。

イオン化はイオン化照射、低温殺菌とも呼ばれ、スパイスに施される一般的処理。電磁波を照射して虫やバクテリアを殺すプロセスで、原材料は無菌状態にな

るが、ビタミンや必須栄養素も破壊されてしまう。

　健全な伝統的農法を実践している小規模生産者もいるが、オーガニック認定を希望しない、あるいは認定に必要な費用や手間をかける余裕がない場合も少なくない。この点、スパイスブランドが購買仕様書を公開すれば参考になるだろう。

環境配慮

　遠くから運ばれたスパイスを買うことは、第一に世界の彼方の生産者を支えることにつながる。ただし、中間業者が適切な対価を支払い、作業環境が守られていることが条件だ。

　スパイスは遠方から輸入されるものの、環境への影響面の疑問が付きまとう。環境に配慮した業者なら船でスパイスを運ぶが、そのためにはある程度の物量が必要だ。

品質

　スパイスの品質は官能特性により表される。スパイスの香りを嗅いでみれば納得がいくだろう。基準となるのが強烈で複雑な香りで、たとえば低品質のウコンはたいして香らないが、優れた品質のものは甘く、土のようなとても心地よい香りがする。質の劣る、あるいは売れ残ったコショウは辛いだけで、木や果実や植物の香りが交じった高品質のコショウ特有の複雑さは感じられない。

　品質は原材料の純度と比例する。調理で使う原材料の中心部だけでできているのか、あるいはほかの部分も含まれるのか。たとえばほとんどのジンジャーパウダーは皮付きのまま挽かれるので、苦みが残る。皮をむくには手間がかかるので、その分値段にも反映される。スマックは、漿果だけを挽く生産者と、枝も含めて挽く生産者がいて、品質に大きな開きがある。

はじめに　　**11**

世界地図

ヨーロッパ

ヨーロッパ

スカンディナヴィア
・シナモン
・カルダモン
・キャラウェイ
・ナツメグ

イギリス
・カレー

フランス
・コショウ
・バニラ

スペイン
・ピメントン
・サフラン

イタリア
・シナモン
・クローブ
・ナツメグ
・コショウ

バルカン半島
・シナモン
・カルダモン
・ジュニパーベリー
・パプリカ

トルコ
・クミン
・ウルファ
・コショウ
・スマック

フランス

コショウとバニラの味

　フランスとスパイスの組み合わせは、一見ピンとこないが、実は恋物語のような深いつながりがある。自由で複雑なロマンスがフランス人の得意分野であることは周知の事実。フランソワ・トリュフォー監督『突然炎のごとく』でジャンヌ・モローが歌う『つむじ風』の歌詞は、フランスとスパイスの関係そのものだ。

「私たちは出会い、再び出会い
　遠ざかっては、再び遠ざかった。
　私たちは再会し、別れた。
　そして火がついた」

　フランスとスパイスの物語には、ボキャブラリーの欠如という壁がある。フランス語の「エピセ」という言葉には、「スパイスがきいている」と「辛い」の意味があるのに対し、外国語ではこの2つは使い分けられていて、英語では「スパイシー」と「ホット」がある。フランスでは辛いものが一般的ではないため、長い間スパイス全体が怪しまれてきた。

　だが、フランスとスパイスの関係は、時と共に大きく進化した。中世にはスパイス熱が高まったものの、20世紀半ばまでにゆっくりと衰退し、現代ではフランス料理に不可欠となり、数年前からは辛いものも受け入れられるようになった。

時間をかけた大変化

中世：スパイス熱

　中世フランスのレシピに目を通すと、使われているスパイスの量に驚かされる。ブフ・ブルギニョン〔牛肉の赤ワイン煮〕はフランス料理を代表する一品で、現代ではコショウが主なスパイスだが、中世のレシピではショウガ、シナモン、ク

ヨーロッパ　　**17**

ローブ、はたまたカルダモンがたっぷりと使われていた。中世ではヨーロッパ全体がスパイス熱に浮かされたが、その理由は少なくとも3つある。第一に東洋から運ばれて法外な値段で売られる魔法のような食材だったこと、第二に様々な薬用効果が謳われていたこと、第三は当時の料理がスパイスを多用するローマの伝統を基準にしていたことだ。

17−19世紀：冷却期間

　新しい航路が開発されると、スパイスも手が届きやすくなった。逆説的ではあるが、あれほど血眼になって探していたのに、見つかってみると突如として、豪華な食卓には似つかわしくない平凡なものだとみなされるようになってしまった。当時は植民地政策が広まった時期でもあり、ヨーロッパ人は非占領民と同じものを食べたいとは思わなくなったこともあるだろう。

20世紀：スパイスの復活

　1960年代に入ると、海外旅行に行くフランス人が増加した。オリヴィエ・ロランジェはこの時代の幕開けと地中海クラブの成功についてこう語る。「当時は旅行やヴァカンスが普及し始めて、トウガラシも好まれるようになりました。北アフリカ、モロッコ、チュニジアが人気の的となり、地中海志向がエルブ・ド・プロヴァンスと結び付いたのです」。ヴァカンスが普及し、フランス人の食卓は、パエリア、クスクスなどの異文化のレシピで豊かになった。こうした料理はフランソワーズ・ベルナールやジネット・マティオなどの料理研究家の本にも登場し、フランスの家庭料理のレパートリーのひとつになった。

　1970年代、フランスに新たなコミュニティが移ってきて、安くて気軽なレストランを開き、故郷を離れてホームシック気味の人々が集まる場となった。こうしてベトナム料理、中華料理、モロッコ料理、チュニジア料理の初代レストランが開店した。

　1980年代、スパイスはガストロノミー界に復帰を果たした。その立役者がオリヴィエ・ロランジェだ。「私の興味をかきたてるのは、ブルターニュ産花崗岩の暖炉にもたらされた宝物、スパイスを使いこなすことです。1982年当時、これはなかなかの挑戦でした」。彼はスパイス、特にトレードマークとも言うべき「ルトゥール・デ・ザンド（「インドへの回帰」）」などのミックススパイスパウダー

を使うことで、フランス料理に革命を起こした。かつて海賊が支配した町のシェフにとって、スパイスは食材を変質させるものではない。「それどころか、異なるものを取り入れて豊かにし、少しだけ進化させます。あらゆる料理は歴史です。美しい人類史、世界の料理史です。料理は他と交じり合うことで、進化し、洗練され、成長するのです」というのが彼の持論だ。

1990年代に入ると、ブッダバーやスプーンなどのパリの洒落たレストランが、エキゾティックな料理を出すようになった。

20世紀：スパイスのトレンド

2000年代中頃からパリでは、フランス人の嗜好に合わせて甘味料を使うことのない、本格的な異国料理を出すレストランが増え、フランス料理に新風を吹き込んだ。日本、韓国、レバント、メキシコなどのレストランが登場し、パリっ子たちは突如としてピリッとした料理や辛味を求めるようになり、地方にもこの傾向が広まった。

シェフは料理に新たな風味を持ち込み、ウィリアム・ルドゥイユなどの料理人はガランガルやレモングラスの普及に大きく貢献した。

ショウガ、レモングラス、トンカマメ、辛いものとしてはトウガラシなどが、既存の味に新たな風味をもたらした。

2010年代半ば以降、菜食主義の波はフランスにおけるスパイスの役割の発展を大いに促した。ベジタリアンレストランはインドのダール、レバノンのファラフェルなど世界中の料理からヒントを得、野菜、穀類、豆類中心の料理に豊かな風味が加わり、カレーやザータルなどのスパイスを使った一品は、フランス人の日常的なベジタリアン料理の定番となった。

フランス料理の伝統的スパイス

スパイスは伝統的なフランス料理の一部であり、特にシャルキュトリーで使われる。パリでシャルキュトリー・デリカテッセン店メゾン・ヴェロを経営するジル・ヴェロは「シャルキュトリーをスパイスなしで作るのは、塩なしでシャルキュトリーを作るのと同じことです」と言う。様々な進歩にもかかわらず、スパイスはほかでは代用できない無二の魔法を料理にかける。一方でオリヴィエ・ロラン

ジェは「何世紀もの間、ナツメグ、クローブ、コショウやバニラを探しに行くなど、風変わりで神秘的な行動でした。現代の私たちが火星や木星にタネや花や根を探しに行くよりも、現実離れしている感覚で、これらがどこに生えているのかなど、まったく知られていませんでした」と語る。けれどもフランスでのスパイス使いはこなれており、スパイス店エピス・ロランジェを経営するマティルド・ロランジェも、「フランス的な使い方をあえて定義すれば、辛くしすぎずに香りを付ける、です。スパイスが入っていることに気が付かないこともあり、ああ、確かに風味を際立たせて深みを持たせるちょっとした工夫がある、と感じさせるのです」と説明する。

フランス料理で使われるスパイスのスターといえば、断然コショウ。フランス料理のレシピでは、仕上げに必ずと言っていいほど塩とコショウを使う。フランスではコショウがすべてなのだ。シャルキュトリーでも同様で、ニコラ・ヴェロは「とりわけ最も便利で、利用頻度も高く不可欠なスパイスはコショウです。伝統的にナツメグもパテやテリーヌで多用されますが、なくても何とかなります。けれどもコショウはそうはいきません」と言う。高級レストランのシェフの基本であるフランス料理は、あらゆる料理にコショウをかける習慣を定着させた。

世界各地の多くのシェフが、自国文化では必ずしもコショウを使うわけではなくても、調理学校で学んだと言う。

ナツメグも広く使われており、ベシャメルソースやジャガイモのピュレといった乳製品を使ったソルティな料理、パテやテリーヌなどのシャルキュトリーに欠かせない。

フランスではマスタードはもっぱらペースト状で、地方により様々に変化して、ブルゴーニュにはヴィネガーマスタード、ブルターニュにはケルト風シードルマスタードがある。肉の味を引き立てる調味料で、外国人が連想する典型的フランス料理、ステーキとフライドポテトに欠かせないと同時に、ヴィネグレットやマヨネーズなどのソースにも使われる。

地方独特のスパイスも忘れてはならない。エスプレットはバスク地方で生産されるスウィートペッパーで、もともとこの地方だけで使われていたが、のちにフランスを代表するトウガラシになった。サフランは南仏で多用され、ブイヤベースに不可欠。ジュニパーベリーは、アルザスのシュークルートに樹脂のような独特な風味を添える。

デザートの女王イル・フロッタント、クレーム・オ・ズー、フランなどの古典的フランスのスウィーツの味の決め手となるのがバニラで、シナモンも重宝される。リンゴのタルトもほんの少量のバニラを加えることで、香りが豊かになる。ヴァン・ド・ヴァニーユのチーフパティシエ、ニコラ・カイエも、「数年前からオリエンタルな伝統の影響を受けて、カルダモン、ショウガ、八角など新たなスパイスがスウィーツに進出しています」と言う。

フレンチミックススパイス

マティルド・ロランジェによれば、キャトルエピス〔4種のスパイス〕はフランスのミックススパイスで、すでに14世紀の本にも登場する。その後時代と共に広まり、現代でもシャルキュトリーで使われている。多くのフランス料理の参考書籍で言及される唯一のミックススパイスで、原材料は黒コショウ、ナツメグ、クローブ、ショウガ。ドーブ（肉の蒸し煮）など肉ベースの煮込みの香り付けに使われ、フランスのシャルキュトリーの風味の決め手となる。ただし店頭販売されているものの中には低質な製品も少なくなく、職人たちのキャトルエピス離れが進んだ。ジル・ヴェロも「キャトルエピスは特にシャルキュトリーでかなり使われていましたが、際立って質がよかったわけではないと思います。私が使い始めたときは、シャルキュトリー用の大量生産パウダースパイスだったので、特にいい印象はありませんでした」と回想する。

ヴァドゥーヴァンはフランス風カレーで、タマネギとニンニクが入っており、タミル地方の料理から影響を受けているとされる。その昔、タミル地方ポンディシェリにはフランス軍の司令部があった。

島の風味

フランスにはウートル・メールと呼ばれる海外県もあり、スパイスを多用するのが特徴だ。

ウコンやバニラを生産するレユニオン島など、これらの島々ではスパイスが生産されていて、様々に組み合わせて料理に生かす。レユニオン島にルーツを持ち、チョコレートブランド、ラ・カイユ・ブランシュを立ち上げたヴァレリー・ボダー

ヨーロッパ　**21**

ルは、「レユニオン島では様々な地域から来た人々が暮らしていて、中国人コミュニティとヒンドゥーコミュニティ、白人コミュニティでは食べ物が違います」と語る。彼女にとっての島の代表的料理は、こうした混合から生まれたルガイユ・ソシス、カリ・プレ、カブリ・マサレ。

コロンボはアンティル諸島の典型的ミックススパイスで、やはりコロンボという名の鶏肉のスパイシーな煮込み料理で活躍する。

「数年前からオリエンタルな伝統の影響を受けて、
カルダモン、ショウガ、八角など
新たなスパイスがスウィーツに進出しています」

スパイスと香水

古代エジプトの時代からスパイスは香料にも使われ、現代でも多くの香水にスパイスの香りが感じられる。

香料の分野ではホットスパイスとクールスパイスという区分があり、ホットスパイスは香りが持続する（シナモン、クローブ）。一方、クールスパイスははかない香りが特徴だ（コショウ全般）。

1951年に調香師エドモンド・ルドニツカが作り上げたオー・デルメスにはシナモンが調合されており、女性のレザーハンドバッグというこの香水のテーマの表現に一役買っている。

ナツメグ、トウガラシ、クローブの組み合わせは、伝説的な2つの香水にも生かされている。ひとつは1969年に発表されたムッシュー・ロシャス、2つ目は1970年のエルメスのエキパージュで、いずれもギ・ロベールによる調香だ。

イヴ・サンローランのオピウムは1970年代に幻想をもたらしたオリエントの精髄ともいえる香水で、1977年にジャン＝ルイ・シュザックにより生み出され、イヴ・サンローランへの服従を迫るような強烈さ。アクセントとなるのがナツメグ、クローブ、シナモン、バニラだ。

キャシャレルの香水は1980年代に絶大な人気を誇り、1981年にはスパイシーなナツメグとトウガラシのノートのキャシャレル・プール・オムを発表した。

調香師ジャン＝クロード・エレナは、2013年にエルメスのエピス・マリンの開発に際して、オリヴィエ・ロランジェの協力のもと、カルダモンやシナモン、クミンを取り入れた。彼によれば、カルダモンは香水に息吹をもたらすそうで、2008年に発表されたエルメスのアン・ジャルダン・アプレ・ラ・ムッソンにも使われた。

コショウも香水に多用されており、ピンクペッパーはエスティ・ローダーのプレジャー（1995年）やエルメスのテール・ドゥ・エルメス（2006年）に使われた。ジャン＝クロード・エレナはティムットペッパーの精油生産技術を開発し、香水ブランド、フレデリック・マルがローズ＆キュイールに初めて取り入れた。

1889年にエメ・ゲランが調香したゲランのジッキーには、トンカマメ、バニリン、ラベンダーが、ゲランが1925年に発表したシャリマーには、バニラ、ベルガモット、カバノキのタールが使われた。19世紀の伊達男たちが髪やひげに付けていたポマードや艶材にも、女性たちに人気のバニラの香りが配合されていた。

ヨーロッパ **23**

イタリア

ヴェネツィア人のスパイス熱

12 世紀から 15 世紀にかけて、ヴェネツィアはスパイス貿易をリードした。その歴史は十字軍にさかのぼり、十字軍参加者が持ち帰ったスパイスはヴェネツィアで瞬く間に大人気となった。イタリア料理を専門とする料理ライター、ラウラ・ツァヴァンによれば、ヴェネツィア人はマーケティングとサケッティ・ヴェネティを考案し、近代的ビジネスを発明した。後者は小袋で、アラブ商人から買い付けた貴重なスパイスをこの袋に小分けにして、高値で販売した。スパイスを買えることは、社会的ステータスのシンボルとなった。1570 年にヴァティカンの教皇庁料理人バルトロメオ・スカッピが著した『オペラ』に記されている宴会には、信じられないほどの量のスパイスを使った料理が登場する。だがヴァスコ・ダ・ガマがインド航路を開拓すると、スパイス熱は衰え、ヴェネツィアも衰退した。

イタリア料理のスパイス

イタリア料理で最も多用されるスパイスは、ナツメグ、コショウ、シナモン、クローブ、ジュニパーベリー、サフラン。南イタリア料理の特徴は、トウガラシの風味だ。

ナツメグはベシャメルソース、ホウレンソウ料理、マッシュポテト、ラヴィオリのフィリングに香りを添える。

ラウラは、コショウはすべての料理ではなく一部のレシピだけに使うと強調する。クローブはボロネーズソース、野獣肉料理、ホットワインに独特の風味を添えたり、タマネギに刺して様々な料理に使ったりする。

ローマ時代、ジュニパーベリーはコショウの一般的な代替品で、料理書『アピキウス』でも主要スパイスとして言及された。長い間肉料理に使われ、現代でもジビエのレシピに欠かせない。

フェンネルはトスカーナ地方から南イタリアにかけての地域で多用され、プッ

リャ地方のタラーリと呼ばれる固焼きパンの香り付けに不可欠。パリのイタリアンレストラン、オステリア・フェッラーラのシェフ、ファブリツィオ・フェッラーラは、「フェンネルシードとコショウをミックスしてソーセージを作ります。口の中がすっきりとし、豚肉の脂っこさを抑えて、完璧なバランスになります」と語る。

「ローマ時代、ジュニパーベリーは
コショウの一般的な代替品で、
料理書『アピキウス』でも
主要スパイスとして言及された」

　サフランはミラノ風リゾットに豊かな風味をもたらし、シチリアではアランチーニ（米のコロッケ）やイワシを使ったパスタ料理、パスタ・コン・レ・サルデに使われる。

　デザート用スパイスとしては、アニス、シナモン、バニラが挙げられる。

　アニスはシチリアのビスコッティ、アニチーニや、同じくシチリアのブッチェラートと呼ばれるお菓子など、スウィーツの風味付けに広く使われる。

　トスカーナ地方のクリスマスのデザート、パンフォルテはドライフルーツがベースで、シナモン、ショウガ、クローブ、カルダモンをたっぷりと使って香りを付ける。これと似たスウィーツ、パンペトにはコショウ、シナモン、ナツメグがきいている。

　地方料理では、それがどのような影響を受けてきたかにより、スパイスの活用度は異なる。

　ヴェネツィア料理には潟（ラグーナ）の歴史が刻まれている。ラウラは、シナモンの香りがして、砂糖少々とバター、パルメザンを加えた母特製のニョッキを懐かしく思い出す。コテキーノはクリスマスの伝統料理。シナモン、ナツメグ、クローブの香りが豊かなソーセージだ。

　ファブリツィオ・フェッラーラによれば、「シチリアではマグレブ、スペイン、フランスの料理が交じり合い、あらゆるものがミックスされている」そうだ。

　クスクスはシチリア、トラーパニ地域の伝統料理で、魚をベースに主にクミンとウコンで風味を付ける。ただしファブリツィオによれば、スパイスの量はマグ

ヨーロッパ　　**25**

レブよりも少ない。

　カラブリア地方の料理の特徴はトウガラシのきいた風味で、とても辛いソーセージペースト、ンドゥイヤなどローカル色が豊かだ。

　サルデーニャ島のギンバイカ、カラブリア地方のスペインカンゾウなど、その地域だけで使われるスパイスもある。

> 「シチリアではマグレブ、スペイン、
> フランスの料理が交じり合い、
> あらゆるものがミックスされている」

スペイン

ピメントンとサフランの芸術

　　スペインで基本となるスパイスはピメントン、ニョラそしてサフランで、これにアニス、クローブ、シナモンが加わる。

　　スペインの代表料理の中でも、パエリア、ポトフ、カスレにはたくさんのバリエーションがある。

　「パエリアは鍋の名前で、この鍋を使って米といろいろな魚を調理します」とアルベルト・エライスは言う。アルベルトはスペイン出身。パリで惣菜店フォゴン・ウルトラマリノスを経営している。アルベルト曰く、パエリアの必須材料はただひとつ、パエリア鍋で、レシピは無限にあり、手に入れられるものを使って作る。中でも最も有名なのがバレンシアのパエリアで、鶏肉、ウサギ肉、インゲンマメが入っている。

　　クリストファー・コロンブスの帰還と共に、スペインにトウガラシが登場した。ピメントンは「あらゆるスペイン料理の分母」。実際、スペインでは地域ごとに料理が変化し、カタルーニャ、アンダルシア、バレンシア、ガリシア、カスティーリャ、バスク地方で異なる。暖炉のそばで乾燥させる燻製トウガラシは、高湿地域でピメントンを保存する必要性から生まれた。地理的表示で保護されているピメントンはヴェラとムルシアの2つ。ヴェラのピメントンには甘みがあるもの、苦いもの、辛いものがある。ニョラはムルシアで栽培されている。様々なスペイン料理の風味付けに活躍する香り豊かなソフリートには、ニョラとピメントンが使われる。

　　スペインでは、サフランは焙煎してからパウダーにするが、とても繊細なので、丁寧に加工せねばならない。パエリアや、魚ベースの様々な料理に香りを添えるスパイスだ。

　　　「ピメントンはあらゆるスペイン料理の分母」

世界の支配者、
スパイスの支配者

　長い間、人間はスパイス貿易を通じて世界を支配した。

　私たちにとって身近なシナモンやナツメグも、中世の人々はどこから来ているのか知らなかった。

　アラブ商人たちは、ヨーロッパ人の好奇心を抑えようと、出どころにまつわる恐ろしい話を吹聴した。しかし13世紀にマルコ・ポーロが『東方見聞録』を発表して、ヴェネツィアから中国への冒険譚を披露すると、スパイスの神秘的なベールもはがれ始める。その後ヴェネツィア人たちはヨーロッパにおけるスパイス輸入の中心となり、ほぼ独占して、ヴェネツィアに富をもたらした。

　けれども1498年にヴァスコ・ダ・ガマがインドへ向かう喜望峰航路を開拓すると、状況は一転する。ポルトガル人たちはスパイスロードを掌握し、16世紀には、シナモンの唯一の生育地セイロンとの貿易を独占した。だが17世紀半ばにはオランダ人がセイロンの支配権を奪い、うまみのあるシナモン貿易を一手に握った。

　オランダ人は高値を維持するのに必要とあらば、シナモンの焼却さえ辞さなかったが、1815年にはイギリス人が島を奪い、シナモンを大量に植えて普及させた。

　クローブはインドネシアのモルッカ諸島、ナツメグはバンダ島にのみ生育し、ポルトガル、イギリス、オランダはこの地域を舞台に熾烈な戦いを繰り広げた。

　オランダ人はナツメグとクローブ貿易の独占と収益維持のため、現地人の命を奪い、作物を燃やしさえした。オランダ人にとってナツメグはこの上なく貴重な商品で、1667年にはブレダの和約を締結し、イギリスにマンハッタン島を譲渡する代わりにバンダ島の商館をあきらめさせてまで、独占を守った。

イギリス

カレーの帝国

イギリス料理のステレオタイプと言えば、味のない煮た肉。けれども大英帝国なくして、カレーパウダーやケチャップなど、現代の世界的なスパイスはここまで普及しなかっただろう。

コショウに飢えた帝国

リジー・カニンガム著『大英帝国は大食らい』は、帝国がどのように世界の味覚を形成していったのかを正確に分析した。北アメリカ、アフリカの一部、インド、中国の租界、オーストラリアを擁するこの巨大帝国は、主にスパイス、砂糖、トウモロコシ、キャッサバ、茶、キャラコ〔インド産平織りの綿布〕、米、ラム酒、アヘン、小麦などを取引した。

スパイスはこうした歴史の中で重要な役割を果たした。1601年に設立された東インド会社が、スパイス貿易の支配と、オランダ人を出し抜くことを目的としていたのは明らかだ。その2年後、ジェームズ・ランカスターがレッド・ドラゴン号で最初の商用遠征を指揮し、数百万ポンド〔1ポンドは約500g〕ものコショウをヨーロッパに持ち込んだため、スパイスは一気に広がった。これは当時のヨーロッパの消費量全体の4分の1に当たる。主なライバルはオランダ東インド会社で、同年に黒い金と呼ばれたコショウ300万ポンドを取引し、それまで市場を握っていたポルトガルやアラブ商人の勢いをそいだ。

コショウは昔からイギリス人のお気に入りのスパイスで、つましい水兵でさえ大枚をはたいて買っていたほどだ。だが手が届くようになると、もはやステータスの象徴ではなくなり、上流階級の間ではコショウやスパイスへの興味が薄れた。フランス料理では、食材の風味を隠してしまうという名目のもとにスパイスが使われなくなり、イギリス上流階級もこの流れに従って、イギリス料理はごく単純化し、ロースト、肉の煮込み、パイ包みが中心となった。

けれども、コショウは薬効があるとされ、日常生活に取り入れられるようにな

ヨーロッパ **29**

る。17 世紀には何人もの医師が、コショウが発酵を促して消化につながるとの説を唱え、以降、あらゆるレシピで塩とコショウが使われるようになり、コショウは贅沢品から万能薬へと変身した。

インドに熱狂する白ムガル人、ネイボッブ、カレーパウダーの誕生

　1765 年、イギリス軍はインドを占領し、新植民地に兵士が続々と派遣された。数年のうちに彼ら、特に士官はインドに夢中になり、現地の女性と結婚し、インドの服を着、インド料理を食べるようになった。植民者であるイギリス人男性は、インド女性に心を支配されたのだ。イギリスの歴史家ウィリアム・ダリンプルは、こうした人々のことを「白ムガル人」と呼んだ。

　イギリスに帰還した彼らは、インドの味を求めた。極めて異質な文化を背負った帰還士官たちに付けられた「ネイボッブ」というあだなはムガル帝国の太守ナワーブを語源とする造語である。彼らの需要に応えるべく、インドの代表料理、カレーを出すコーヒーハウスが開店した。現在イギリス各地にあるコーヒーハウスの原型である。多くの士官はインドから料理人を連れて帰国し、親しい人たちにインドの味を広め、彼らもカレーを味わいたいと望んだ。こうした中、1831 年に『インド料理』と題した書籍が発表され、ピラフやコルマの作り方が紹介された。当時のイギリス料理のぼけた味も、カレーの流行を促した大きな要因のひとつだろう。

　だがインド料理の熱狂の前に、ある技術的な壁が立ちはだかった。インドとは違って、イギリスの家庭にはスパイスを挽くための臼がなかったのだ。そこで素晴らしく単純な解決法が考案された。カレーパウダーが発明され、あらゆるマサラの代用としてインドの味わいを再現したのだ。1784 年には、ロンドン、ピカデリー地区のソーリーズ・パフューマリー・ウェアハウス店がそのまま使えるカレーパウダーの広告を出し、早くも 19 世紀末には、どのスパイス店でもカレーパウダーが販売されていた。カレーパウダーは、イギリス人が定めた料理文化の規定に従って徐々に三種類に分かれていった。すなわちマドラス、ムンバイ、ベンガルである。

ケチャップの意外な歴史

東インド会社は中国の醤油と、醤油ベースのキャッツアップというソースの取引に力を入れた。超長期保存できるので、長旅に出る水夫たちも気軽に使える。もともとはメース、クローブ、コショウ、ショウガで香りを付けたキノコがベースだったが、19世紀になると、イギリスで普及したトマトが加わってケチャップが生まれた。トマトケチャップはおそらく現代で最も使われているスパイシーなソースだろう。

間違いから生まれたウスターソース

元ベンガル総督マーカス・サンズ卿は1830年に、東洋の品物の取り扱いで有名な食料品店兼薬局のレア＆ペリンズに、自分がメモしたインドのソースを作ってほしいと依頼した。完成したソースはとても辛く、卿は満足だったが、店主で化学者のジョン・ホイーリー・レアとウィリアム・ヘンリー・ペリンズは気に入らず、ソースの入った樽はお蔵入りとなった。その後大掃除の際に、樽からいい匂いがしてきたので試しに味見してみると、発酵を経て美味になっていた。レア＆ペリンズはこれを販売し、世界中でウスターソースと呼ばれて人気を博した。

ヨーロッパ　**31**

スカンディナヴィア

スカンディナヴィアで最もよく使われているスパイスはカルダモン、シナモン、キャラウェイ、ディルシード、ナツメグで、ジンジャーパウダー、クローブ、オールスパイス、マスタード、サフラン、ジュニパーベリーもおなじみだ。

スパイスは肉や、ニシン、グラブラックスなど魚のマリネの香り付けに使われるほか、特にペストリーやパンで多用される。

ストックホルムでパン店バゲリ・ペトリュスを経営するペトリュス・ヤコブソンは、スパイスは長い間王族の食卓にしか出されず、人々の想像力をかきたてたと述べる。

1920年代に登場したカネルブッレは、第二次世界大戦後に広く普及した。シナモンをたっぷりと使ったブリオッシュ生地を編んだロールパンで、ペトリュスによれば、特にストックホルム周辺では生地にカルダモンを加えるそうだ。カルダモンだけを使ったカネルブッレはストックホルムの特産で、2000年代に人気が出た。サフランバージョンは12月の待降節〔クリスマス前の4週間〕限定だ。ペトリュスはこれこそがスウェーデンのクリスマスの味だと言う。

キャラウェイはパンに使われる。クリスマスには伝統的に、ショウガ、カルダモン、オレンジピールパウダーなどのスパイスをふんだんに使ったパンを食べ、夏至を大々的に祝うミッドサマーでは、キャラウェイの香りがするパンを楽しむ。

32

パンとスパイス

　パン、スパイス、ハチミツはヨーロッパ各地に見られる定番の組み合わせだ。

　パリでパン店ポワラーヌを経営するアポロニア・ポワラーヌは、「私がスパイスを好きなのは会話があるから、世界に対して開かれているから
です。ビジネスや出会いの醍醐味もここにあり、豊かさを生みます。パン・デピス〔スパイスをたっぷりと使ったパン菓子〕のスパイスが世界の彼方から運ばれ、イタリアの大きな港に到着して、徐々にライン川を上り、オランダにたどり着いたと考えるだけでわくわくします。フランスではパン・デピス、スイスではレッケリー、ベルギーではスペキュロスといった具合に、各地で様々な伝統が生まれました。

パン・デピスは多様な土地の特性を物語り、地域により使う穀類も異なります。小麦が生育する地域では小麦ベースのパン、主にライムギを栽培する地域ではライムギベースのパンが作られます。また中に入れるミックススパイスも重要で、地域や町ごとに独自のレシピがあります」と語る。

ヨーロッパ　　**33**

バルカン地域

　歴史上バルカン地域は広大で、アルバニア、ボスニア・ヘルツェゴヴィナ、ブルガリア、クロアチア、ギリシャとトルコの一部、コソボ、モンテネグロ、ルーマニア、セルビア、スロベニアを含む。

ギリシャ

　ギリシャ料理はとてもシンプルで、地元のものや季節のものを使う、と語るのは、ギリシャのハーブやスパイスを販売するダフニス＆クロエの店主エヴァンジェリア・クトソヴル。シーズン中様々なバリエーションで出されるギリシャサラダは、この国を代表する一品だ。またパイ包みも重要で、生地やフィリングに無数のバリエーションがある。中でも有名なのが、ホウレンソウを詰めたスパナコピタ。エヴァンジェリアによれば、パイ包みは家庭料理の女王的な一品で、「夫を引き留めておきたいなら、おいしいパイ包みを作れることが必須」だそうだ。スパナコピタにもパイ包みにも、コショウとナツメグが使われる。島でシルバー・アイランド・ヨガを主宰するリサ・クリスティは、「旅行者向けの気安いレストランにはない」冬の料理のひとつとして、オールスパイス、クローブ、シナモンを使ったムサカや、ナツメグ、クローブ、シナモンの風味豊かなパスタグラタン、パスティッチョを挙げる。肉の煮込みにはシナモン、クローブ、オールスパイスをきかせる。リサは「ギリシャに移住した頃、冬の料理に使われるシナモンとオールスパイスの量に驚かされました。おそらく4世紀以上にわたってギリシャを治めていたオスマン帝国の影響でしょう」と語る。北部テサロニケ地域は歴史的にイスタンブールやイズミールとゆかりが深く、スパイスが料理の引き立て役として活躍し、コショウ、カルダモン、ナツメグが多用され、コリアンダーやスマックを使った料理もある。

　クリスマスケーキにはマハレブが使われる。リサによれば、ギリシャではマハレブはこのケーキにしか使われないそうだ。

　フェンネルは一部地域に生育し、ツィプロなどのアルコールの香り付けに使わ

れる。地域によっては、アニスの代わりにウーゾ〔ギリシャ地域で飲まれるアニスの香りのリキュール〕の香り付けにも用いられ、パンやお菓子でも活躍する。現地で栽培されるサフランは、米料理やスープの香り付けに。マスティックはキオス島だけに生育する樹木からとれる樹脂で、イースターパン、ミルクライス、アイスクリームに使われる。

ウーゾ専門バーでは、ウーゾと一緒にギリシャのタパス、メッツェがよく出される。ハーブとスパイスをたっぷりと使った独特の料理だ。

トウガラシは素朴な料理に欠かせない。というのも、農民にとってはトウガラシの方がコショウよりも手が届きやすかったからだ。最も知られているのが北部マケドニア地方フロリナに分布する種類で、艶々と赤く、牛角のような形をしていて、甘みがある。

トルコ

　トルコは地中海、エーゲ海沿岸、マルマラ、黒海、中央アナトリア、東南アナトリア、東部アナトリアの7つの地域から構成されており、それぞれに郷土料理がある。マルマラ地域はバルカン諸国とギリシャに接している一方、黒海地域はロシア、ジョージア、アルメニアに隣接しているため、コーカサス文化に最も近いと言える。イスタンブール料理にはキリスト教、ユダヤ人、アルメニア人、イスラム教徒で構成されていたオスマン帝国の料理が反映されている。

　トルコは長い間スパイス貿易の中継地で、特に沿岸から離れた地域の料理でたっぷりと使われる。

　主なスパイスはコショウ、フレーク状のトウガラシ（アレッポトウガラシはプル・ビベル、ウルファとイソットのトウガラシはウルファ・ビベルと呼ばれる）、クミン、スマック。これにミント、タイム、パープルバジルなどのドライハーブが加わることも。濃厚な風味のビベルサルチャはトウガラシペースト。ケバブやキョフテ（肉団子）などの肉料理の風味は、こうしたスパイスから来ている。

　料理好きなジャーナリスト、デメト・コルクマズ・カルモナは、最も一般的なクルド料理としてシシュ・ケフテを挙げる。これは肉とブルグル〔小麦の挽きわりを使った食材〕がベースの、香り豊かな辛い茹で団子だ。

　多くのデザートにはシナモンが使われており、かのトルココーヒーにもカルダモンで香りを付けることがある。

コーカサス

コーカサスはヨーロッパとアジアを分ける地域で、ジョージア、アルメニア、アゼルバイジャン、トルコとロシアの一部が含まれる。中でも最も有名なのが、ジョージアとアルメニア料理だ。

ジョージア

ジョージア料理は、旧ソヴィエト連邦の多くの国において高級とされる。

パリのシェフ、マグダ・ジェガネヴァは、「ジョージアはスパイスの第二の故郷で、ほぼすべての料理に4－7種類のスパイスが使われています。その中心となるのが、アジカとスヴァネティの塩。小さな国ですが、地域により多様な料理があります」と語る。

アジカは辛い調味料で、レッドドライ、グリーンペースト、レッドペーストの3つのタイプに分かれる。グリーンペーストには青トウガラシ、コリアンダー、パセリ、ディル、ニンニク、フェンネル、塩、レッドペーストとレッドドライには赤トウガラシ、ニンニク、コリアンダー、フェンネル、ブルーフェヌグリーク、パプリカ、トマト、ドライカレンデュラが使われている。

山の連なるジョージア北部スヴァネティの塩は美しい黄色で、ニンニク、フェンネル、コリアンダーシード、ブルーフェヌグリーク、トウガラシ、クミン、ディルシードが入っており、ソース、スープ、サラダ、ジャガイモ料理の味を引き立てる。

ジョージア料理で多用されるもうひとつのミックスはフメリスネリで、コリアンダーシード、セロリシード、ブルーフェヌグリーク、ベイリーフ、ミント、ディル、ドライパセリが入っており、様々な温かい料理で活躍する。

ジョージア料理で多用されるスマックは、マリネした骨付きロース、ケバブ、トルコ風肉団子などに香りと酸味を添える。クミンはヒンディー語のジーラーに近いズィーレという名で呼ばれる。

ヨーロッパ　　**37**

「ジョージアはスパイスの第二の故郷で、
ほぼすべての料理に
4−7種類のスパイスが使われています」

アルメニア

　アルメニア料理は野生味あふれる山岳部料理と、リヨンの料理人ソニア・エズグリアンの言葉を借りれば「よりエレガントに盛り付けられた豪華な」地中海料理に分かれる。彼女によれば、アルメニアを代表する食材はナス。「どんな料理にも何らかの形でナスが入っています。油などに漬けたナスをバーベキューにしたり、ミントと合わせてサラダにしたり、薄切りにして焼いてから小さな新タマネギに詰めたり。もちろんナスのキャビアも忘れずに」

　クミンもたっぷりと使われる。

　イースターパンの独特の味の決め手となるのがマハレブ。小さなサクランボの種を細かくすりつぶしたもので、パンやマリネに香りを添える。

　シナモンはソルティな料理にもスウィーツにも使われる。ソニアの説明によれば、「シナモンは特にマルメロとラム肉の料理に使われます。これは私が大好きな秋の料理で、肉を長時間マリネして、マルメロとシナモンスティックを加えてから皿に入れ、ごく薄いパン生地で覆います。この生地をパンナイフで切るのがツナ缶を開ける感じに似ていて、何とも言えません。生地をひっくり返して、ストリートフードのピタパンのようにマルメロとラム肉を少量挟んで食べます。アルメニアを代表するシナモン入りのデザート、ブルマも大好きです。このスウィーツはバクラヴァの遠い親戚で、フィロと呼ばれる生地を使ってカリッとした食感を出し、クルミとシナモンのスタッフィングを詰めます。この長細い円筒をオーブンに入れ、こんがりと熱々に焼けたところにシュガーシロップをかけ、ピスタチオを散らします」

　多くの調味料は手作りで、クミン、カルダモン、コリアンダーシード、トウガラシなどをヴィネガーに漬けて保存し、気軽に普段の料理に使う。アルメニア料理で使われるミックスは地域独自というよりも、ザータルのように、レバノンのものが多い。

ヨーロッパ　　**39**

アフリカ

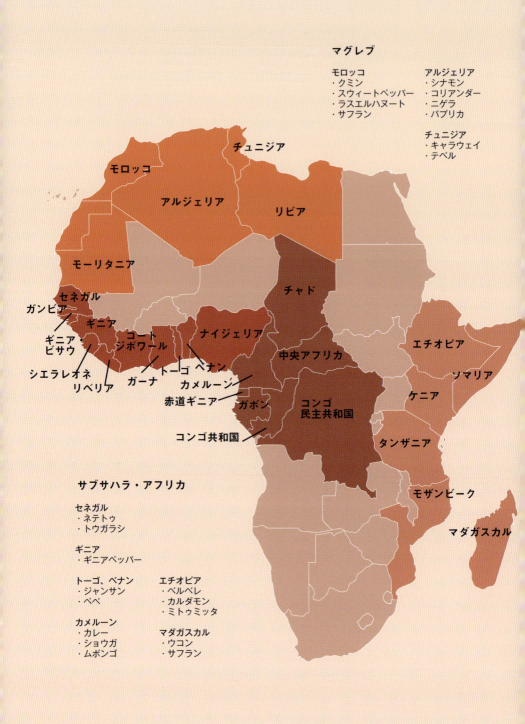

マグレブ

　マグレブは地中海沿岸のアフリカ諸国。文明の交差点でもあり、栄えては消えていった文化の影響が料理にも反映されている。

　モロッコ、アルジェリア、チュニジアが中心で、歴史上、モーリタニアとリビアも入る。

　この地域はもともとベルベル人の文化圏だった。古代から交易で栄え、フェニキア人たちは商館を設置した。中でも最も知られているのが、チュニジアのカルタゴの商館だ。中世にはアラブ人が中東から言語とイスラム教を持ち込み、スペイン南部、シチリア島をも征服した。16世紀から18世紀にかけて、オスマン帝国はマグレブ東部全域を掌握し、リビア、チュニジア、アルジェリアも治めた。19、20世紀にはフランスがモロッコ、アルジェリア、チュニジアを植民地化し、マグレブはフランス、イタリア、スペインの統治を受けた。ユダヤ人共同体の歴史も深い。

　マグレブはアラブ人のスパイスルート上に位置し、アジア、中国、インドの素晴らしい品々が入ってきた。特にシナモン、ショウガ、そして調理技術だ。パリでモロッコレストラン、ラ・マンスリアを経営し、様々な著書もあるファテマ・ハルが指摘するように、モロッコのスープ、ハリラを飲めば、中国の酸辣湯が思い浮かぶだろう。

　つまり、この地域の料理ではスパイスが際立っており、ラスエルハヌートのように、地域ごとに極めて多様なスパイスの使い方やミックスがある。クスクスなど共通の料理もあれば、独特な郷土料理もある。

> 「モロッコのスープ、ハリラを飲めば、
> 中国の酸辣湯が思い浮かぶだろう」

アフリカ　　**43**

モロッコ

　代表的モロッコ料理としては蒸し煮のタジン、バスティラ、鳩のパイ包み、クスクスなどが挙げられる。甘辛い味付けが多いのは、早い時期にテンサイの精糖技術を発見したためだとファテマは説明する。中でも最も有名なのがバスティラと呼ばれる小鳩、アーモンド、砂糖のパイ包みで、シナモン、サフラン、ショウガ、ナツメグの豊かな香りが特徴だ。

　ベルベル、アラブ系イスラム教、ユダヤ、フランスなど様々な文化の影響と、メソポタミア文化（現イラク、シリア）の影響があいまって生まれた料理で、特にペストリーにその傾向が強い。

クミン、サフラン、スウィートペッパー

　モロッコ、ラバトのシェフ、メリエム・チェルカウイは、モロッコ料理にスパイスが多用される背景について、スパイスロード経由でスパイスがもたらされ、「調味料、シトロンコンフィ〔レモンの塩漬け〕、ケイパーがたっぷりと使われています。クミンもモロッコを代表するスパイスであることは言うまでもないでしょう。クミン、上質なサフラン、スウィートペッパーは定番で、ニョラも使われます。こちらはエスプレットに似ていますが、モロッコでは辛いものとスウィートなものがあります」と語る。

ラスエルハヌート

「店頭」を意味するモロッコのミックススパイスで、文字通り、スパイス店の店頭で売られている。モロッコでは「正統なスパイス店では、スパイスやアタール（ハーブ、オリーブ、スメン（澄ましバター））が売られています。それが伝統なのです。スパイス店には料理に必要なものは何でもあって、ラスエルハヌートも売られています。ラスエルハヌートは繊細なミックススパイスで、各自門外不出のレシピがあり、レシピに従ってタジンに味付けをします」とメリエムは説明する。

44

モロッコの伝統では、ラスエルハヌートにはコショウ、ショウガ、アニス、メース、ダマスクローズ、ラベンダー、イランのサフランなど 27 ものスパイスが配合される。

ラスエルハヌートはマグレブ全域で使われているが、地域によりかなりの違いがある。

「正統なスパイス店では、
スパイスやアタールが
売られています」

アフリカ　**45**

愛のスパイス

スパイス全般に認められている効用としては、感覚刺激が挙げられるが、催淫効果が最も高いのがどのスパイスかは、時代や国によりかなり異なるため、万能媚薬はない。

中世ヨーロッパではアサフェティダが重宝されていたが、現代ではほとんどのヨーロッパ人にとって使いにくいスパイスだ。しかしインドのバラモン教徒は、催淫効果のあるニンニクよりも、アサフェティダの方を好む。

キャラウェイは中世の愛の媚薬に使われていて、クミン同様、不貞や誘惑の危険から守ってくれると信じられていた。アラブ人はクミンをコショウ、ハチミツと混ぜてペースト状にし、催淫薬としてヨーロッパで売って大儲けした。当時は、クローブ入りミルクも男性機能の力強い味方だった。

シナモンは様々な媚薬に使われた。
19世紀、オスマン帝国のハーレムの淫蕩な世界は人々を魅了し、シナモン入りキャンディ「王宮のパリ風トローチ」が男性機能を高めるとして、飛ぶように売れた。

言い伝えによると、クレオパトラは宮殿をカルダモンの香りで満たしてマルクス・アントニウスを迎えたとか。

長い間、カルダモンの陶然とするような香りは性欲を高めるとして、聖職者には禁じられていた。

ヨーロッパでは中世から、ショウガに強い催淫効果があるとされてきた。

アフリカではギニアショウガは性欲を高めると信じられ、ムボンゴ・チョビというブラックソースの魚料理を食べた女性は魅力を増し、男性を惹きつける力を得ると伝わっている。

誘惑を遠ざけるスパイスもある。ディルシードは男性の性欲を抑え、セイヨウニンジンボクは男性の貞操を守る。修道院で栽培されていたのもそのためだ。

つまりは自分だけの媚薬を作ろうと思ったら、選択肢は無限にあるということだ。

アルジェリア

アルジェリア料理にはベルベル、オスマン、フランスの影響が交じり合っている。

スパイス

コリアンダー、シナモン、コショウ、クローブ、クミン、パプリカ、ニゲラは、アルジェリアで最も一般的な香りだ。

中でもアルジェリア料理を代表する香りと言えば**シナモン**。レヒタはアルジェのパスタ料理で、シナモンのブイヨンをかけ、ヒヨコマメ、鶏肉、季節によってはカブやズッキーニを添えてサーヴィスする。高級フランス料理のようにソースが白いので、コショウは白いものを。シナモンが決め手となる一品だ。

マクルードはセモリナ粉の生地にフィリングを入れたスウィーツ。**クローブ**を挽いてデーツやイチジクと混ぜ、オレンジフラワーで香りを付ける。クローブはクスクスの香り付けにも使われることがある。パリでアルジェリアテイストのレストラン、マジュジャを営むカティア・バレクは、「クローブはアロマを引き立てます」と説明する。

クミンはいろいろな料理に使われる。ラースバンはミント、バジル、クミンなどのハーブの香りが豊かなセモリナ粉の団子。クミン風味のニンジンはアルジェならではのスターター。仔牛の肝臓料理ケブダ・ムシェルムラもクミン風味だ。

レストラン、マンジュラのシェフ、ノラ・サドキは、「**パプリカ**は昔からカビール地方で栽培されていて、数珠つなぎにして暖炉の上で乾燥させていました。そのため燻した匂いがするのです」と言う。

ニゲラシードはスフェンジの香り付けに使われる。スフェンジはセモリナ粉をベースにした揚げ菓子で、スナックや来客のおつまみとして人気が高い。「結婚式や割礼式、洗礼式など特別なときにだけ食べます」とカティアは言う。

野生の**ザータル**を摘んで、料理に使うこともある。

アフリカ **47**

デルサ、フロル、ラスエルハヌート

　フロルは黒コショウ、シナモン、クローブ、コリアンダー、ナツメグ、ショウガ、カルダモンの7つのスパイスが入った強烈な辛いミックス。ソルティな料理にもスウィーツにも使われる。特にセモリナ粉とハチミツを使ったタミナというデザートに振りかけて、コーヒーと一緒に楽しむことが多い。カティア・バレクによれば、「地域によっては、クスクスにフロルを振りかけて、ピリッと辛くさせる」そうだ。

　デルサはニンニク、パプリカ、クミン、赤トウガラシ、塩、コショウがベースのペースト状の調味料で、チョルバという全粒粉パスタのスープの香り付けにも使われる。

　ラスエルハヌートはモロッコのレシピから来ていて、シナモン、コショウ、クミン、フェンネル、パプリカが入っており、地域ごとにバリエーションがある。

チュニジア

チュニジア料理にはベルベル、アラブ、フランス、アンダルシア、ギリシャ、イタリアなど様々な影響が反映されている。

キャラウェイの味

キャラウェイの風味はチュニジア料理の原点。テベルというミックススパイスにも入っていて、広く使われている。メシュイアはピーマンをグリルしてオリーブオイル、レモン、ニンニクで味付けしたシンプルなサラダ。チュニジアを代表する一品で、やはりキャラウェイが使われている。

クミンは魚料理でおなじみだが、サラダやパンにも使われる。ウコンはソース、パスタ、肉料理の香り付けに。クローブも肉料理やペストリーで活躍する。

テベル

テベルの別名タベル・カルイアは「キャラウェイとコリアンダー」の意。チュニジア料理の基本となるミックススパイスだ。パリのレストラン、ア・ミ・シュマンのシェフを務めるノルディーヌ・ラビアドは、「ぼくは小さい頃からずっとスパイス加工工場に通っていました。工場ではキャラウェイとコリアンダーが一緒に挽かれて、売られていました。女性たちはニンニクを入手するのに苦労していたので、ニンニクもありました。ニンニクを挽いたり乾燥させたりして、テベルに入れると、その味わいが楽しめますから」と言う。

テベルはコリアンダーとキャラウェイをベースにしたミックススパイスで、ニンニク、トウガラシ、パプリカも入っている。家庭によっては、ドライオレンジピールやシナモン少々を加えることもある。

アフリカ　　**49**

ハリッサ

ハリッサのベースは乾燥トウガラシ。チュニジアの食品ブランド、ババ・バーリを立ち上げた**ハビブ・バーリ**は、「トウガラシにはいくつもの種類がありますが、ぼくが好きなのはチュニジアのバクルティという品種。いろいろな乾燥プロセスがあり、日干しはやや時間がかかります。村の段丘からは、通りや家でトウガラシを乾燥させている素晴らしい風景が見下ろせます。窯で薪の火に当てて乾燥させることもあり、スモークした香りが漂うのもいいものです」と語る。伝統的にはすりこ木を使ってペーストを作り、ニンニク、テベル、場合によってクミンやタイム、アニスなどを順番に入れる。

ハリッサは様々な料理で活躍し、サラダ、ニンジンのピュレ、オムレツ、スクランブルエッグに香りを添え、季節の野菜の煮込み料理シャクシューカと卵と一緒にサーヴィスされる。ハビブは「シャクシューカはレストランや家でスターターとして出されることもあり、ハリッサ少々とオリーブ、ツナを盛った小さい皿が必ずついてきます」と説明する。パンに塗って、ジャガイモ、茹で卵、ツナ、シトロンコンフィ、オリーブと一緒に出せば、チュニジア色豊かな軽食になる。

クスクス

クスクスはマグレブ全域にある。ベルベル人や遊牧民の料理で、昔は野営地で調理されていた。ノルディーヌによれば、「すべてが入った料理で、何から何までひとつのたき火だけで作り、クスクスを調理した後は、おき火でパンを焼いたり、お茶をいれたり」するそうだ。

「クスクスは土壌、地域、季節に合わせて、あるもので作ります」とノルディーヌは語る。カティア・バレクも「クスクスは地域、村によって違います。私の両親はカビール人で、お互いの村はせいぜい15kmくらいしか離れていません。けれども母の村のクスクスと父の村のクスクスは違います。野菜も違っていて、母の村は山の連なる高地にあり、ジャガイモをよく使いますが、父の村ではジャガイモなどもってのほか。低い盆地にあるため、緑黄色野菜を多く使います」と説明する。メリエム・チェルカウイは、「モロッコ南部には砂漠地帯があり、ナツメヤシのオアシスにはほとんど何も生えません。野菜や香り高い植物を干して長期保存する習慣があるため、クスクスにもニンジン、タマネギ、野菜の葉や茎な

どの乾燥野菜が使われます。ニンジンやグリーンピースの葉や茎を使うことも多く、乾燥させたものをスープに入れて戻し、クスクスにかけます」と語る。

つまりクスクスには小麦、季節の野菜（洞穴で長期保存できるタマネギが多い）、時には肉や魚など、無限の組み合わせがあり、必ずスパイスがきいている。

クスクスは基本的に穀類、正確に言えば小麦だ。「昔のクスクスでは、ブルグルやフリーカなどの小麦の挽きわりを使っていました。これが本物のクスクスです。祖母は『私の食べるクスクスは本物で、骨にとどまり、毎日の労働を支えてくれる』と言っていました。しかしセモリナ粉が少しずつ主流になりました。より軽い食感だからです」とノルディーヌは時代背景を説明する。ファテマによれば、クスクスにはモロッコのオオムギなど、他の穀類も使われるそうだ。

ノルディーヌは、チュニジアでは「まずテベルや、コリアンダーとニゲラをミックスしたコリアというミックススパイスを入れます。それから辛いトウガラシを加えて調節し、その後スウィートペッパーでいろどりを、ウコンで光沢を添えます。調理が終わったら、仕上げにクミン少々と、挽いた黒コショウをほんの少し加えます」と説明する。

モロッコでクスクスに欠かせないスパイスといえば、ジンジャーパウダー、シナモン、コショウだ。一般的な七種の野菜のクスクス（ラム肉が加わることも）には必ず使われる。

ノラ・サドキは、アルジェリアでは「伝統的なクスクスにはラスエルハヌートではなく、パプリカ、デルサ、黒コショウ、塩、オリーブオイルだけを使います。カビール地方で使われるスパイスはこれだけです」と語る。アルジェリアの七種の野菜のクスクスは、コリアンダー、パプリカ、デルサで風味が付けられる。アメクフールはカビール地方のベジタリアンクスクスで、スープはなく、ラベンダーの香りがする。「伝統的に、茹で卵とオリーブオイル少々を添えて食べます」とカティアは説明する。

つまるところ、クスクスにラスエルハヌートは入れないという点では全員が一致している。フランスのクスクスではこのミックススパイスこそが味の決め手なのだが……。クスクスロワイヤルと呼ばれるフランスのクスクスは、マグレブからの移民たちがもたらしたあらゆるクスクスの集大成で、フランスで最も人気の高い料理のひとつとなった。フランスバージョンにはハリッサが添えられるが、チュニジアでは調味料として使われる。特にモロッコでフランス人旅行者がクス

アフリカ　　**51**

クスにハリッサがついてこないと嘆いているのを目にしたレストラン経営者たちが、ハリッサを一緒に出すようになったのだ。

　クスクスはサブサハラ・アフリカや中東など周辺地域に普及し、それぞれの地域の食材を使ったバージョンが生まれた。

「クスクスは土壌、地域、季節に合わせて、
あるもので作ります」

サブサハラ・アフリカ

　サブサハラ・アフリカは人類が火を制し、調理を習得した地だと、ピエール・ティアムは言う。セネガル出身の彼は、ニューヨークでアフリカ料理の魅力をアピールするシェフだ。

　この地域の料理を理解するには、1865年のベルリン会議のアフリカ分割で定義された現代の政治的国境を取り除いて、文化的境界に目を向ける必要がある。サブサハラ・アフリカは長い間、4つの大きな王国から構成されていて、各国で様々な民族が独自の言語と文化を守りながら暮らしていた。食の面では、同じ国の中でも共同体により料理名やレシピが変化しながら普及した。

　コンゴ王国は現代のガボン、赤道ギニア、カメルーン、コンゴ共和国に当たり、食文化を共有している。マリ王国は現代のマリ、ギニア、セネガル、ガンビア、ブルキナファソ、コートジボワール、モーリタニアに相当し、西アフリカと呼ばれる。

　アシャンティ王国には現代のナイジェリア、ガーナ、ベナン、コンゴの一部が含まれる。各地域は無数の文化を内包しており、ピエールは「ナイジェリアには300以上の言語があり、各グループに独自の料理がある、と言えば、この国の豊かさが想像できるだろう」と語る。

　本書ではサブサハラ・アフリカを、それぞれ一貫した文化と料理を持つ3つの地域に区切る。大西洋に面した西アフリカには、セネガル、ナイジェリア、ベナン、トーゴ、コートジボワール、中央アフリカにはカメルーン、ガボン、コンゴなどが含まれる。東アフリカあるいはアフリカの角はインド洋に面し、エチオピア、ソマリア、ケニア、タンザニア、モザンビーク、南アフリカ、そして遠く離れたマダガスカルを含む。

> 「ナイジェリアには300以上の言語があり、
> 各グループに独自の料理がある、と言えば、
> この国の豊かさが想像できるだろう」

ペベとジャンサン

ペベもジャンサンも中央アフリカ、西アフリカでとてもよく使われている。

ジャンサンはソースに香りととろみを付ける。パリ郊外モントルイユでレストラン、リオス・ドス・カマラオスのシェフを務めるアレクサンドル・ベッラ・オラは、「ジャンサンは魚、肉、鶏肉、ジビエと何にでも使えて、ブイヨンにも入れます。水の量次第で、濃くてとろりとしたソースにも、軽くて香りだけが感じられるソースにもなります。様々なスパイスとの相性もよく、料理の心強い味方。個人的にはサブサハラ・アフリカのスパイスの王様だと思います」と述べる。

シェフ、デューヴェイル・マロンガによれば、ペベは「ナツメグに似ているけれども、味も香りもさらに強い」そうだ。

トウガラシ

ピエール・ティアムは、アフリカとトウガラシの関係についての先入観を指摘する。「アフリカ料理は強烈に辛くて、スパイスがきいていて、香りが強いと思われがちですが、実際はそこまで辛いというわけではありません。たいていトウガラシが使われますが、あくまで脇役で、各自が好みに応じて入れます。トウガラシを入れたくなければ、それでもいいのです。味わいを深めるのがトウガラシで、ほどよい量なら、舌乳頭が開き、あらゆる味を感じることができます。入れすぎると逆効果で、舌乳頭が閉じてしまいます。一般的に、トウガラシは皿やボウルの中央に置かれ、我こそはと思う人が食べます。ただし万人向きではありません」。個人の好みに応じてトウガラシを使うという考えは、ントロロにも表れている。これはトウガラシ、ニンニク、ショウガ、タマネギのペーストで、調味料として食卓に出される。

トウガラシの
仰天の歴史

　トウガラシは世界で最も使われているスパイス。クリストファー・コロンブスが持ち帰り、瞬く間に人気に火がつき、1世紀もしないうちに世界中に普及した。16世紀初頭にはスペインに定着してドイツ、ギリシャ、トルコにも広がり、17世紀にはトルコ人がハンガリーに持ち込んだ。ポルトガル人がインドに入植し、繁栄を謳歌したことは広く知られている。

　現在、トウガラシは普及した先の各地でローカルな食材になり、その地域の風土にちなんだ名称の品種が栽培されている。

　大陸間を行き来したトウガラシもある。イタリアのカラブリアトウガラシは、イタリア移民によりブラジルに持ち込まれ、普及した。

　トウガラシの人気の要因としては、様々な風土への驚くべき適応能力が挙げられる。コショウがとても希少だった時代、庭で育つトウガラシは手の届きやすい食材として歓迎された。

アフリカ　　**55**

西アフリカ

　ピエール・ティアムは「西アフリカの母なるソースと言えば、ピーナッツベースのマフェだ」と言う。マフェは旧マリ帝国全域で一般的に使われている。

　パリでシェフを務めるアント・コカーニュは、「ネレの木にはインゲンマメのようなさやがなり、中には種子が入っています。これを茹でて発酵させて作ったネテトゥは、国によりペースト状、パウダー状、顆粒と様々です。この種子の興味深い点は、パルメザンのような風味です」と説明する。西アフリカではネテトゥが広く使われている。

　鶏肉をタマネギとレモンでソテーしたセネガルの伝統料理ヤッサには、マスタードが使われる。

　ペペスープは魚のブイヨンで、「ペッパー」を語源とする。トウガラシが使われているためだ。とてもポピュラーなスープで、アントによれば様々なバージョンがあるという。ピエールは、「それぞれが自分の住んでいる場所や手に入るものに応じてアレンジしていました。オリジナルレシピを考案した人もいると思いますし、ベナンやトーゴでは大きなカタツムリを入れます」と言う。ペペスープは辛くて、「深酒した後に効く」そうだ。「魚がベースのスープで、トウガラシや特殊なスパイスがたっぷりと入って、とても辛く、ジャンサンとペベを加えます」とピエールは説明する。

　セリムペッパーは西アフリカで広く使われており、特に米がベースのワンプレート料理ジョロフライスに欠かせない。魚と米を煮たセネガルの国民食チェブジェンにも使われる。

　西アフリカ料理にはショウガも多用され、ネレやトウガラシと合わせてすりつぶすことが多い。

中央アフリカ

　カメルーンのチキン料理プレ DG は、ヌーヴェル・キュイジーヌの象徴だ。アレクサンドル・ベッラ・オラ曰く「様々な調理技術を詰め込んだ完全なハイブリッド料理で、煮込んではいますが煮込み料理とは言えず、プランテン〔クッキングバナナ〕を焼いて加えます。昔はニンジン、インゲンマメ、ピーマンなど、菜園では収穫できても、食べる習慣のなかった野菜を入れて、持ち込まれたばかりの新しいスパイス、カレーで色を付けていました。1980 年代当時は、現代的な料理でした」

　生のショウガは使用頻度がとても高く、マリネ用のペースト状調味料ノコスにもたっぷりと使われている。すりこ木や石でおろしたり、乾燥させて粉状に挽いたりする。グリーン、赤、オレンジの 3 種があり、それぞれ魚貝類、肉、野菜に使われる。共通しているのはトウガラシ、ショウガ、セロリ、ニンニク、タマネギ。グリーンノコスのベースはグリーンピーマンとセロリ、レッドノコスのベースはネテトゥと赤ピーマンで、オレンジノコスの色はニンジンから来ている。

　ニンニクの木と呼ばれるオミの種子や樹皮も広く使われるが、料理では種子が最も一般的だ。とても強いニンニクの香りと、かすかなトリュフの匂いがする。樹皮は料理よりも治療に使われることが多い。

　ムボンゴはミックススパイスであり、カメルーン料理の代表的なソースでもある。これに使われている同名のムボンゴは、カメルーンの野生コショウとも呼ばれる。アレクサンドルによれば、「ムボンゴには、完全に焦げて初めて香りが豊かになるスパイスが使われていて、燃焼したニンニクの木の樹皮やムボンゴを加えます。このソースにはたくさんの歴史が詰まっていて、もともとは黒くなかったそうですが、魅力的になりたいと願う女性たちが黒い色に調理したそうです。アフリカに旅行する男性は、女性から食事に招待され、黒いソースが出されたら要注意です。特に魚の頭が入っていたら、食べないように。さもなくば招待してくれた女性の食い物にされてしまうでしょう」

　ペンジャペッパーは中央アフリカ、特にカメルーン、ガボン、赤道ギニア料理

の特徴で、パームオイルのソースを使ったチキン・ムアンバなどの料理に欠かせない。カメルーンのンゴンドはピスタチオとエビまたは肉を使ったソルティなケーキで、バナナリーフに包んで蒸し、クラッシュしたペンジャペッパーで香りを付ける。

　トーゴでは、ギニアペッパーを乾燥エビ、トウガラシ、ネレの木の種子と共にペースト状の調味料にして、肉のマリネに使う。

アフリカの角とマダガスカル

　東アフリカはスパイスルート上のアフリカの入り口だった。ルワンダでシェフとして活躍するデューヴェイル・マロンガによれば、東アフリカにはカルダモン、八角、そしてシナモンなど、インド、マダガスカル、タンザニアのスパイスがあふれているそうだ。エチオピアの首都アディスアベバには、アフリカ最大のスパイス市場がある。

　エチオピアンカルダモンことコロリマは、エチオピアやエリトリアの料理で広く使われており、特にコーヒーの香り付けに多用される。またベルベレやミトゥミッタなどのローカルなミックススパイスにも入っている。ベルベレにはフェヌグリーク、アジョワン、ニンニク、トウガラシ、ショウガ、ニゲラも配合されていて、様々なソース料理で活躍する。ミトゥミッタにはピマン・ドワゾー（鳥のトウガラシ）と呼ばれるキダチトウガラシの一種や、エチオピアンカルダモン、クローブ、塩が入っており、主にキトフォと呼ばれるタルタルビーフやソラマメ料理フル・メダメスの味付けに使われる。

　ニテルキッベはショウガ、クローブ、フェヌグリーク、クミンの香りをきかせた発酵バター。エチオピア独特の食材で、キトフォの風味付けに使われる。

　ソマリア料理の中心となるのは、コリアンダー、カルダモン、クミンの香りだ。

　マダガスカル料理はインド料理から強い影響を受けており、ウコンやサフランなどの食材が多用される。

> 「エチオピアの首都アディスアベバには、
> アフリカ最大のスパイス市場がある」

アジア

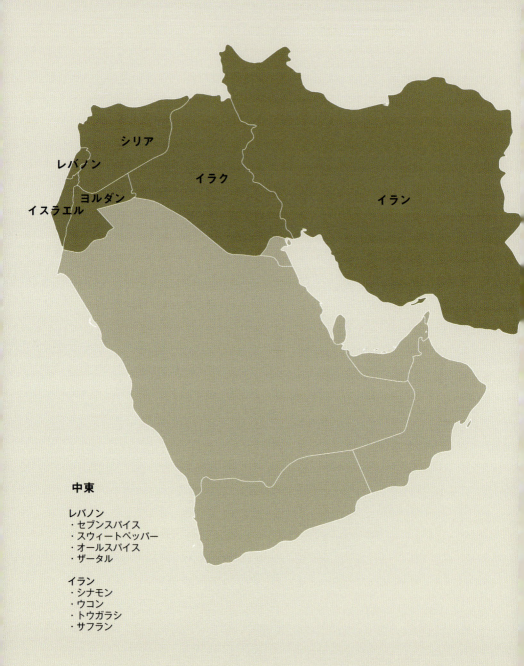

中東

現代の国境は中東の歴史の結果だが、文化的現実には沿っていない。

パリでレバノン惣菜店レ・モ・エ・ル・シエルを経営するカリム・ハイダーは、「レバノン南部、パレスティナ北部、レバノン西部、シリアの間には、食の国境はないも同然です。この食はひとつの地方に属し、地域ごとの特殊性はありますが、国家や国籍と結び付いているわけではありません」と語る。

ヨーロッパ人によるインド航路発見以前、スパイス交易を握っていたアラブ商人は、この地域にスパイスを普及させた。興味深いことに、アラブ語で「バハラット」がスパイスを意味するのに対し、インドの諸言語では「ブハラット」はインドを意味する。同様に、マンゴとスパイスがベースのイスラエルの調味料アンバは、インド北部ではマンゴを意味する。アラブ商人たちは、スパイス市場を独占するためなら手段を問わなかったようで、『千夜一夜物語』の『船乗りシンドバッドの物語』は、東洋を波乱万丈で危険に満ちた世界の果てとして描くことで、スパイスの原産地を探しに行こうとする西洋人たちの意思を挫くために書かれたとも言われる。アンティオキアなどの港やアレッポのような隊商たちの寄る要所で文化が交差し、風味と原材料が普及していった。パリでペストリー店メゾン・アレフを立ち上げたミリアム・サベトは、「スパイスを求めてレバントを後にした商人の多くが、中国、インド、ペルシャの食習慣を持ち帰りました」と述べる。

この地域は大まかに、レバント、アラブ首長国、ペルシャに分かれる。

フランス語で「レバント」はレバノン、シリア、パレスティナ、イスラエル、ヨルダンとトルコの一部を含む広い地域を指す。レバノン料理からインスピレーションを得て、パリでレストラン、タンタマールを開いたガブリエル・ベックはレバント料理について、「つましい一般大衆の料理で、豆類、小麦がたっぷりと使われています。もちろんベジタリアンで、肉は副次的に出される調味料程度。長い間この地域を支配したオスマン帝国の強い影響を受けています」と説明する。

アジア　**63**

レバノン

　ザータルはハーブとミックススパイスの両方を指す。ハーブとしてはレバノンタイムとも呼ばれ、植物学的にはオレガノを指す。ミックススパイスとしては、ザータル、スマック、炒りゴマ、塩を原材料とする。レバノン料理の本の著者であるバルバラ・マッサードは、「現在、このミックススパイスはどんどん進化しています」と言う。クミン、アニスなどのスパイスと組み合わせた豊かな香りのミックスや、ピスタチオなどのナッツ類を加えたミックスもあり、「主にマナイーシの香り付けや、油を使ったペースト作りに使われます」とカリムは説明する。

　レバノンで最も一般的な2つのソーセージは、スパイスの濃厚な香りがする。マカネクはラム肉がベースで、コリアンダー、スウィートペッパー、シナモン、クローブ、ナツメグ、ジンジャーパウダー、マハレブで香りが付けられている。スジュクはトウガラシ、パプリカ、フェヌグリークの香味がきいた牛肉のソーセージだ。

　カリムによれば、シャワルマは「トルコではスウィートペッパー、黒コショウ、シナモン、ショウガ、ナツメグ、スマック、マハレブでマリネした挽肉、レバノンではマリネしたスライス肉」を指す。

　スウィートペッパーはレバノン料理のベースで、オールスパイス、トウガラシ、シナモン、クローブなどを使った市販のミックススパイスだ。

　レバノンで最も一般的なスパイスはオールスパイスだろう。バルバラによれば、「いくつかのタップーレ〔ブルグルやセモリナ粉に野菜やハーブなどを加えたサラダ〕の隠し味で、タマネギの味を抑える」そうで、ほとんどの煮込み料理にも使われている。スマックは目玉焼きや、ピタパンと野菜のサラダ、ファットゥーシュに酸味を添える。

「クミンは脇役的なスパイスで、ほんの少量を使います」とバルバラは説明する。モグラビエは大粒のクスクスを使ったミニパスタ料理で、キャラウェイの香りがする。

　クッパはブルグルの生地と肉や魚を使った料理で、コショウ、セブンスパイス、

カムネなどで香りを付けることが多い。

　レバノンのセブンスパイスには、スウィートペッパー、シナモン、ショウガ、クローブ、ナツメグ、マハレブ、黒コショウが入っていて、これにクミンやカルダモンが加わることもある。

　ファラフェルはヒヨコマメや、ヒヨコマメとソラマメのミックスをベースにした揚げ物。コショウやコリアンダーと、ほんのわずかにトウガラシの香りがする。カリムによれば、「少量のシナモン、クミン、マジョラム、ドライバジル、キャラウェイ、ドライディル、ゴマ、ドライガーリックを加える」こともある。

ザータル、バハラット、デュカ、アレッポトウガラシ

　この地域一帯では、ザータル、バハラット、デュカ、アレッポトウガラシが多用される。

　レバノン発祥のザータルは広く普及し、サラダの香り付けなど新たな使い方が提案されている。

　エジプトで生まれたデュカは、パンやサラダに振りかける。ヨルダン、レバノン、シリアに広がり、コショウと同じ使い方だ。オールスパイス、トウガラシ、ショウガ、ナツメグ、シナモン、カルダモン、ドライガランガル、ドライジンジャーなどが入っており、ヘーゼルナッツ、ヒヨコマメ、ピスタチオが加えられることも。かなりいろいろなバリエーションがあり、様々なスパイスの組み合わせが可能なミックスだとミリアムは説明する。

　バハラットは米料理や煮込み料理に香りを添える。オールスパイスがベースのミックススパイスで、たいていコショウ、シナモン、コリアンダー、クミン、カルダモン、ナツメグが入る。料理人リータル・アラジによれば、温かみがあってフローラルな風味のバハラットは、ラム肉や牛肉がベースの料理には欠かせないそうだ。

　オールスパイスベースのミックススパイスを指すのに、デュカやバハラットという名が同じ意味で用いられることもある。

　この地域で最も一般的なトウガラシはアレッポトウガラシで、香りは豊かだがさほど辛くない。

「デュカにはかなりいろいろなバリエーションがあり、
様々なスパイスの組み合わせが可能なミックス」

パレスティナ　イスラエル

　この地域の普段の食事のベースとなるのが米を添えたトマトの煮込みだ。

　パレスティナを代表する料理といえば、米と野菜と肉を重ねたマクルーバや、大粒のクスクスなどの小麦を丸めたミニパスタ料理マフトゥール。国民食と言われるムサッハンは、タブーンと呼ばれる平パンに煮込んだタマネギとスマック、鶏肉を挟んで食べる。

　「家庭では7つから9つのスパイスで独自のミックスを作ります」と説明するのは料理本を手がけるリーム・カシス。こうしたミックスはレバノンのセブンスパイスやバハラットを連想させる。使われるのはオールスパイス、シナモン、コショウ、クミン、カルダモン、メース、コリアンダー、スマック、ミントパウダーで、これにザータルやセブンスパイス、バハラットを加えることもある。

　シャッタは青トウガラシあるいは赤トウガラシがベースの調味料。

　アニスは甘いお菓子やソルティなお菓子、パンに使われる。ニゲラも同様で、フェヌグリークはセモリナ粉ベースのお菓子ヘルベに使われる。

　近年、イスラエルのシェフたちのおかげで、レバント料理に注目が集まっている。イスラエル版レバント料理では、この地域の多様な傾向が入り交じり、各地から移住してきたユダヤ人コミュニティの伝統が取り入れられている。ジャーナリスト、アナベル・シャクメスは、イスラエルではハリッサを味わうのが楽しみだと言う。彼女にとってハリッサはいわば塩とコショウのようなもので、マグレブのセファルディム〔東欧やドイツ語圏以外に離散したユダヤ人〕の間ではごく一般的な調味料だ。イエメン発祥のスクッグも辛い調味料で、トウガラシ、ハーブ、パセリ、コリアンダーを油と混ぜたもの。クミン、フェヌグリーク、カルダモン

アジア　**67**

などのスパイスを加えることもあり、あらゆる料理の味付けに使われる。

パリのレストラン、アダールでシェフを務めるタミール・ナーミアのお気に入りの調味料はアンバ。ファラフェル、シャワルマ、串焼きなどイスラエルのストリートフード全般に使われるそうだ。グリーンマンゴを塩、コショウとあわせて10日間ほど発酵させ、スパイス（特にたっぷりのウコンとフェヌグリーク）で覆う。イラクから伝わったと言われるが、インド北部の言語で「アンバ」がマンゴや、酢・塩漬けを指すことを考えると、もともとはインド発祥だと思われる。

「『千夜一夜物語』の『船乗りシンドバッドの物語』は、東洋を波乱万丈で危険に満ちた世界の果てとして描くことで、スパイスの原産地を探しに行こうとする西洋人たちの意思を挫くために書かれたとも言われる」

イラン

　長いこと、ペルシャ料理は中東で最も強い影響力を持っていた。とりわけムガル皇帝はペルシャの料理人を雇い、ペルシャ料理とインドのスパイスから偉大なるムガル料理が生まれ、ビリヤニなどのインドを代表する料理が生まれた。現代のイラン料理にはスパイスが多用されており、そのほとんどがインドから来ているが、サフランだけは別。イランはサフランの一大生産国なのだ。

　パリのレストラン、リブラを経営するサィェ・ザモロディにとって、イラン料理といえばホレシュ。ソースで肉と野菜をじっくりと煮込み、シナモン、ウコン、サフラン、乾燥ライムでしっかりと香りを付ける。バリエーションは無数にある。クビデはウコン、コショウ、サフラン、シナモン、スマックの香り豊かなマトンの挽肉の串焼き。キョフテはハーブ、クミン、サフランの香味豊かな肉団子だ。

　サフランは最も多用されるスパイスで、普段の食事だけでなく、サフランとピスタチオのアイスクリームなどスウィーツにも使われる。カルダモンもごく一般的で、食事やバクラヴァなどのデザートで活躍する。

　ペルシャ料理にはバラも使われる。ヨーグルト、キュウリ、ミントを使ったメッツェは、バラとスマックの香りが豊か。

　トウガラシの味は地域により異なり、南部では辛く、北部では柔らかな味わい、テヘランではバランスがとれている。

「ペルシャ料理とインドのスパイスから
偉大なるムガル料理が生まれた」

アジア　**69**

南アジア

インド
・ショウガ
・マサラ
・トウガラシ

南アジア

　南アジアにはインド亜大陸のすべての国、インド、スリランカ、パキスタン、ネパール、ブータン、バングラデシュが含まれる。共通するスパイスを使う、多数のスパイスの原産地域でもある。

インド

　インドはスパイス大国。ヨーロッパの航海者たちが常軌を逸した危険を冒して直接のルートを見つけるまでは、何世紀にもわたりアラブ商人がスパイスを供給していた。

　インド亜大陸料理の特徴は、ほほどの料理にも必ずと言っていいほどスパイスが使われていることだ。スリランカとインド南部料理は、かつてこの地域に暮らしていたドラヴィダ人のアイデンティティをとどめており、野菜が中心で、米をベースに現地のスパイスが使われる。インド北部やパキスタンの料理は、16世紀から19世紀半ばまでインドを治めたムガル帝国の影響を強く受けており、インドのスパイスとペルシャ料理が融合している。

　インド料理やカレーは世界中に広がったが、意外にもインド亜大陸の料理の複雑さはあまり認識されていない。インドのホテルグループ、オベロイで調理研修を担当するパーヴィンダー・バリは、インド料理には、各地域の受けた様々な歴史的・文化的影響が反映されており、そのために数百もの料理が生まれたと説明する。

スパイスの巧緻な組み合わせ

　インドの料理人は様々なテクニックを駆使しながら味を組み立てる。ひとつの料理の中でも、ホールスパイス、挽いたスパイス、事前に焙煎しておいたスパイス、マサラ、タルカを使った仕上げなど様々に駆使し、成り行きではなく綿密に

アジア　　**71**

計算されたタイミングでスパイスを入れる。

スパイスの様々な使い方

インドのホテルグループ ITC で料理長を務めるマンジット・ギル・シンは、「同じスパイスでも様々な形態があり、ホール、粗挽き、細かく挽いたものなどがあります」と強調する。それぞれの形態に独特なアロマと食感があり、パウダースパイスで均一な風味にしたいか、逆に口に入れるたびに粗挽きやホールスパイスを味わいたいかにより使い分ける。スパイスの形態のひとつひとつが独特であり、ほかでは代用できない。

スパイスの焙煎

インドでは、ほとんどのスパイスを焙煎してから挽く。焙煎技術は実地で学び、鼻を鍛えて、絶妙のタイミングを見分ける。スパイスを冷たいフライパンに入れたら、香りが濃厚になるまで数分間加熱する。焦がすのではなく、あくまですべての香りを引き出す程度に加熱するのがポイントだ。

マサラ作り

多くの料理に使われるマサラ。マサラ作りはスパイスのブレンドから始まる。すべてのホールスパイスを一緒に焙煎し、パウダーを加えてから冷まして挽く。

タルカ

タルカとは、ホールスパイスを高温の油やギー（澄ましバター）などの脂肪性物質で炒めることを指す。調理では、最初にタルカをしてからほかの食材を加えることもあれば、別途タルカをして、最後にカレーなどの調理済みの料理に加えることもある。ロンドンのレストラングループ、シナモンでシェフを務めるヴィヴェック・シンは、「家庭のレシピでは、最初か最後にタルカをします。ひとつの料理で最初と最後の両方にタルカをするのは、レストランのやり方。優れたレシピの仕上げのタルカは、いわば優れた小説の大団円のようなものです」と説明する。

スパイスを使う順番

「スパイス使いのテクニックにおいて、タイミングは重要な要素です」と説明するのは、マンジット・ギル・シン。インドのレシピでは、いくつかのタイミングに分けてスパイスを加える。ホールスパイスは調理時間の間じゅう味がしみこむよう、たいてい最初に投入される。次にウコン、コリアンダー、クミンなどのパウダースパイスをたっぷりと入れる。これらは料理に香味だけでなく、食感や色も添える。カルダモンやメースなどの豊かで繊細なスパイスは、複雑な香りを損なわないよう、調理の最後の段階で加える。ガラムマサラなど一部のミックススパイスも同様だ。

「スパイス使いのテクニックにおいて、
タイミングは重要な要素です」

アジア　　**73**

仕上げに再びミックススパイスを振って、香りを強調することも。たとえばビリヤニマサラでは調理中に使うが、サーヴィス時にも加える。仕上げのスパイスは「魔法」をかける、とヴィヴェック・シンは言う。

スパイスの原料となる植物が生育し、より手に届きやすいインド南部に比べ、北部ではスパイスは貴重品とされ、あらゆる料理の仕上げにスパイスを加える。

インド料理では、スパイスの風味を最大限引き出すのに「新鮮」なものを使う。マンジット・ギル・シンは「その年のスパイスを使うのがポイント。2年経ったら質が落ちます」と言う。パリのレストラン、ジャガッドのシェフ、マノジュ・シャルマは、自分が幼かった頃「母が毎週、デリーのチャンドニー・チョーク地区にあるスパイスの大きな市場カリ・バオリに買い出しに行っていた」ことを覚えている。

生活の中のスパイス

インド料理では日常的に様々なスパイスをたっぷりと使う。生のショウガは料理用、乾燥ショウガは薬用に。コリアンダー、クミン、ウコンは多くのレシピに欠かせないスパイス。シナモンやカルダモンなどふくよかな香味のスパイスは、少量ずつ使う。

地方、町、村により様々なバリエーションがあり、たとえばベンガル地方では、エビカレーなどにインディアンベイリーフとカルダモンなど、独特な組み合わせ方をする。

無数のマサラ

インド料理にはミックススパイス——マサラ——が数えきれないほどあり、すべて挙げることは不可能だ。インドのミックススパイスはカレーではなくマサラ。これを「カレー」と呼ぶことを思いついたのはイギリス人だ。どの料理人も、どの家庭にも独自のミックスレシピがある。

マサラは食事全体の味付けにも、一品だけの味付けにも使われる。最も有名なのがコショウ、クローブ、シナモン、カシア、クミン、コリアンダーがベースのガラムマサラで、これにメース、ナツメグ、インディアンベイリーフを加える料理人もいる。インド北部の典型的ミックススパイスで、30年ほど前にインド各

地に広く普及した。

ゴダマサラとカラマサラはマハーラーシュトラ地方独特のマサラ。こうした様々な地域のマサラは日常的に使われ、ダール、豆カレーの香り付けや、野菜料理の引き立て役として活躍する。

チャートマサラはチャートの上から振りかけてサーヴィスする。チャートとはサモサなどのソルティなスナック全般を指し、特にお茶の時間に楽しむ。チャートマサラはカットフルーツの香り付けにも使われる。香り豊かでソルティなミックススパイスで、アムチュール（マンゴパウダー）の酸味とコショウやトウガラシなどの辛味、クミン、乾燥ミント、アジョワン、アサフェティダ、クローブ、ショウガのスパイシーな香りが特徴。

ファイブスパイスを意味するパンチフォロンは、北東部ベンガル地方のミックススパイスで、インド料理では珍しくパウダー状ではない。マスタードシードやフェンネルシード、クミン、フェヌグリーク、ニゲラが入っている。

タンドーリマサラはパンジャーブ地方の料理で多用されるミックススパイスで、もともと肉、魚、野菜などをこのマサラでマリネしてから、タンドールと呼ばれる円筒形の土窯で焼いていた。コリアンダーシード、クミン、フェンネル、ショウガ、シナモン、クローブ、カルダモン、コショウ、トウガラシが入っている。

ビリヤニマサラはビリヤニに使われる。ビリヤニは、かつてインドを治めたムガル帝国の宮廷料理を起源とし、サフランライス、肉、魚、野菜を重ねて炊き、フェンネル、コリアンダー、シナモン、カシア、ナツメグ、メースなどのこっくりとしたミックススパイスで香味を整える。

サンバルマサラあるいはサンバルポディ（サンバルパウダーの意）はインド南部のミックススパイスで、サンバルの香り付けに使われる。サンバルとは濃厚な香りと辛味のきいたスープで、ターリー（米、野菜、豆カレーなどが盛り付けられたいくつもの小皿からなる大皿料理）と共に出される。たいていコリアンダー、クミン、赤トウガラシ、コショウ、アサフェティダ、ウコンが入っている。

チャナマサラは、インド北部で広く食べられているヒヨコマメのカレー、チャナダール用のミックススパイス。通常、コリアンダー、クミン、フェンネルシード、カシミールチリ、カルダモン、シナモン、クローブ、ナツメグ、ショウガ、黒コショウが入っている。

チャイマサラは、お茶と牛乳をじっくりと煮込んだチャイ専用のミックススパ

アジア　　**75**

イス。チャイのレシピは地方と季節により異なる。インドでは時間に関係なくチャイを楽しみ、薬用効果も見込まれる。たとえば寒いときにはコショウを加え、カルダモンやショウガの量を増やして体を温め、呼吸器系疾患を和らげる。インド南部の熱帯地域のチャイはカルダモンで香り付けをする程度だが、北部の寒冷地では、ショウガやコショウをたっぷりと入れる。最も一般的なスパイスはカルダモン、クローブ、シナモン、ショウガ（たいてい生）で、コショウ、サフラン、バニラ、八角、インディアンベイリーフを加えることも。

神出鬼没のトウガラシ

欧米でインド料理の話が出ると、決まってとても辛い料理を食べて大変だったと言う人が一人はいる。時代と共にトウガラシとインド料理は切っても切れない関係になり、トウガラシはインド原産で、インド中の庭や菜園に生えていると思われがちだ。けれども実はトウガラシがインドに登場したのは16世紀のことで、インド南部ゴアに商館を構えるポルトガル商人が持ち込んだ。現在では日常的な食材なのに、品種や由来についてほぼ無頓着というのは矛盾しているようにも思える。ヴィヴェック・シンは、「インドでは地元で売られているトウガラシを使います。商人のおかげでトウガラシは便利な品となりましたが、自分が買っているトウガラシがどこから来ているのかを知る人はほとんどいません」と説明する。

インドのトウガラシは極めて多様だが、資料は少ない。特に一般的な8種を挙げよう。

おそらく最も有名なのはカシミールチリ。ヴィヴェックによれば、「風味が変わりやすいスパイスの筆頭で、フルーティーで（比較的）甘みがあるので、たくさんの量を使っても、風味を損なうことなく濃い赤を生かすこと」ができる。

アーンドラ・プラデーシュ地方に生育するグントゥールチリは、この地方の料理に強烈な辛味を添える。

ムンドゥチリとも呼ばれるグンドゥチリは、インド南東タミル・ナードゥ地方の大ぶりなトウガラシ。辛さはほどほどで香り豊か。この地域随一と謳われる料理のひとつ、チェッティナードゥ料理で多用される。

ビヤダギチリはカルナータカ地方のトウガラシ。調味料メーカー、ブルックリン・デリーの創業者チトラ・アグラワルは「香り高い甘み」だと絶賛する。

グジャラート地方のジュワラチリは、かなり辛味が強い。

インド北東のダニチリもとても辛い。

カンサリチリはケララ産キダチトウガラシの一種で、辛く、非常に香り高い。

インド北東原産のブート・ジョロキアは、世界有数の辛さだ。

インドには、トウガラシの保存方法は乾燥以外にもたくさんある。特に液体に漬ける方法はいくつもあるが、中でも最も意外なのはヨーグルトを使った保存法だろう。ヨーグルトと塩を混ぜてからトウガラシを漬けて発酵させ、その後乾燥させる。ヴィヴェックはタルカの仕上げでこのトウガラシを使う。

インド料理の普及、あるいは奇想天外なカレーの歴史

インド人は直接、あるいはイギリスを通してスパイスの味わいを世界中に知らしめた。その歴史は意外性に満ちている。

パウダーを気軽に使って自国でインドの味を再現しようと思いついたのはイギリス人だ。多くのイギリス兵がインドでの勤務後、オーストラリアで引退生活を送った。この時にカレーが持ち込まれ、時代と共にカンガルーカレーなど様々なオリジナル料理が生まれた。

カレーは日本の国民食で、カレーライスイコール大衆食として、学食から駅構内の気軽な食堂まで、隅々にまで浸透している。19世紀末から20世紀初頭にかけての明治時代、日本は開国し、西欧の食生活を取り入れた。この流れに乗ってイギリスからカレー粉がもたらされると、軍のメニューにも登場し、急速に各地に普及した。第二次世界大戦後、食品メーカーはカレールーをそのまま使えるタブレット状にして販売し、野菜、肉、水とこのカレールーさえあれば、家庭でも気軽にカレーが作れるようになった。

イギリス人はおそらく旧植民地ガンビア経由で、アフリカにもカレー粉を持ち込んだ。現在ではセネガルにもカレーレシピがあり、カメルーンのプレDGなど、カレーを使ったアフリカ料理もある。

奴隷制度が廃止されると、プランテーションでの労働に雇われたインド人たちが自国の料理を持ち込み、モーリシャス島からレユニオン島、アメリカの一部地域にまで広めた。

ケニアで鉄道建設が計画されると、イギリスの植民者はインド人労働者を送り込んだ。彼らは人口のわずか２％を占めるだけだったが、たった数年でケニア料理に変化をもたらし、カレー、カルダモンが多用されるようになり、無発酵パン、チャパティなどインドの食べ物が普及した。

スパイスの効用

　一般的に、料理にスパイスを使うことで、塩、砂糖、脂肪物質の量を抑えられる。つまりとてもシンプルな健康的料理法なのだ。

　スパイスは健康の心強い味方で、栄養学専門の医師カトリーヌ・ラクロニエールも、栄養セラピストのクロトゥム・コナテも、アーユルヴェーダ料理専門家のジョゼ・ヴァルキー・プラトッタシルも同意見だ。抗炎症作用のある食事において、スパイスは重要な役割を担っている。

　カトリーヌは抗炎症の観点から日常的に取り入れたい3つのスパイスとして、ショウガ、ウコン、トウガラシを挙げる。微生物叢専門のクロトゥムは、第二の脳と呼ばれる腸で善玉菌バクテリアを増やすには、シナモンとショウガが非常に効果的なスパイスだと言う。ジョゼによれば、アーユルヴェーダの二大スパイスはコショウとウコンで、毎朝起きたらすぐにこの2つを煎じた飲み物を飲んでいる。

　アーユルヴェーダや中国医学では、ウコンは万能薬とされ、昔から肝臓の刺激剤として使われてきた。

　現代の研究では、ウコンの有効成分クルクミンには抗炎症作用と抗酸化作用があることが明らかにされた。クルクミンは油脂と結び付くことで腸壁に浸透し、コショウに含まれるピペリンと結び付くとさらに吸収が促される。ウコンは関節症、神経変性疾患、大腸癌、胃癌の治療プロトコルに用いられる。インドのキッチンでは、軽い切り傷は水で洗ってウコンの粉を付けて癒合を促す。

　ショウガに豊富に含まれるギンゲロールには、抗炎症作用と抗酸化作用があり、消化を促す。吐き気や、特に乗り物酔いに有効だ。薬用には、生よりも乾燥ショウガの方が使われる。アルツハイマーやリューマチの一部の治療プロトコールにも利用され、アーユルヴェーダでは風邪や咳を和らげるのに使われる。

　トウガラシに含まれる有効成分カプサイシンには鎮痛効果があり、痛みを和らげるので、様々な鎮痛塗り薬に使われる。ビタミンCが豊富で、血流と新陳代謝を促すとも。ただし潰瘍がある場合、摂取は禁物だ。

　シナモンは血糖値を整える働きをする。多数の文化圏でデザートに使われるのは、糖分の影響を和らげるためだ。また抗炎症作用もある。

　コショウに含まれるピペリンには抗酸化作用と抗炎症作用があり、殺菌と消化促進にも働く。

　カルダモンには抗酸化作用があり、カルダモンに含まれる分子シネオールは咳、歯や消化のトラブルを和らげる。

　サフランには抗鬱作用がある。

　クローブには殺菌、鎮痛効果があり、歯痛の緩和に利用される。

　コリアンダーは消化不良や鼓腸の手当てに利用される。

　クミン、フェンネル、スペインカンゾウは消化を促し、カルダモン、コリアンダー、ウコン、ショウガ、クローブは心臓血管の働きを助ける。

アジア　　**79**

東南アジア

　東南アジアにはミャンマー、タイ、ラオス、カンボジア、ベトナム、マレーシア、シンガポール、フィリピン、インドネシアが含まれる。

ベトナム

　パリでアジアンコーヒーショップ、ザ・フードを共同で立ち上げたカン・リー・フインはベトナム料理についてこう語る。「アロマにはルール、トーン、輪郭があります。ベトナム料理はつねにある種のバランスを追求しています。ベトナム人は酸味や苦みが大好きで、食感はとても重要。爽やかさが重要なので、ハーブをたくさん使います」

　ベトナム料理は豊かなストリートフードを誇る、と言うのは料理ライター、リン・レー。「ストリートフードはとても単純で、ベースは必ず米、ライスヌードル、肉や魚やハーブのスープです。ハーブはベトナム料理に欠かせず、たっぷりと使われます。あらゆる場面で広く、そして食材に的確に合わせて使います。様々なスープ、チャーハン、あらゆる種類の巻物、たくさんのデザートにハーブが使われます」。カンによれば、「生ハーブは数えきれないほどあるので、スパイスは小量しか使わない」そうだ。

　ベトナムを代表する料理と言えば、麺と牛肉のスープ、フォー。カン曰く、ショウガ、レモングラス、クローブ、八角、シナモン、ナツメグ、コショウなど様々なスパイスが使われていて、コリアンダーシードを入れる人もいる。カンは八角とブラックカルダモン派だ。

　ベニノキはスープの香り付けや、料理の彩に使われ、コショウも多用される。

　ベトナムのカレーペーストは、ココナッツミルクベースのカレーの風味付けに。ベースはショウガ、ウコン、コリアンダーシード、八角、シナモン、生コリアンダーの茎、ニンニクだ。

アジア　　**81**

「アロマにはルール、トーン、輪郭があります。
ベトナム料理はつねに
ある種のバランスを追求しています」

シンガポール
タイ

シンガポール料理は中国、マレー、インドの３大コミュニティ料理の合体、と言うのは前述のザ・フードの共同創業者パーリン・リー。「ナシレマッはシンガポールの日常食で、時間帯を問わず食べます」。ココナッツミルクで炊いた米にアンチョビ、ピーナッツ、野菜を添えた料理で、フライドチキンやビーフを加えることも。これに必ずついてくるのがトウガラシ、エシャロット、ニンニク、レモングラス、ウコン、シュリンプペーストなどがベースの辛い調味料サンバルだ。シンガポールの国民食チキンライスは、チキンスープとショウガ、パンダンで炊いた米料理。パーリンによれば、パンダンは「アジアのバニラ的ハーブ」で、チリソース、ショウガの調味料、醤油と共に出される。「チリクレープ」もシンガポールの代表的料理だ。

シンガポールの中華料理には五香粉と八角が使われる。

タイ料理で特に有名なのはカレー。料理ライターのリーラ・プンヤラタバンドゥによれば、これらの料理がカレーと呼ばれるのは、イギリス人たちがインドで目にしたカレーととても似ていると思ったことが理由だとか。タイでは「ゲーン」と呼ばれる。

タイのカレーペーストには主にイエロー、グリーン、レッドの３つのバリエーションがある。調理法は同じで、生のスパイスを焙煎してからほかの生の材料と混ぜる。乾燥スパイスにはコリアンダーシード、クミン、フェンネル、白コショウが入っている。これらカレーペーストには、レモングラス、ガランガル、コブミカンの葉、シュリンプペースト、ニンニク、エシャロットが共通して使われていて、イエローカレーの色は生ウコンの根から、グリーンカレーは生コリアンダー、レッドカレーはピーマンと赤トウガラシから来ている。

アジア　　**83**

シラチャーソースはアメリカを中心に最も流通している辛いソースで、タイのソースをヒントにしているが、元祖とはかなり違っている。考案したのは、ソースの販売元フイ・ホン・フーズ社の創業者で、大変な人気となった。

「パンダンは『アジアのバニラ的ハーブ』」

東アジア

東アジアには中国、韓国、北朝鮮、日本が含まれる。

中国

　広大な中国にはたくさんの料理があるが、主に8つの地域料理が挙げられる。ごく単純に言えば、それぞれの料理には中心となる風味があって北部（山東省）は塩気が強く、東部（安徽省、江蘇省、浙江省）は酸味があり、南部（広東省、福建省）は甘い。後者は広東料理として広く知られている。西（湖南省、四川省）は辛さが特徴だ。

　中華料理専門のライター、ウィリアム・チャン・タト・チュエンは、「中華料理のアイデンティティを形成する必須食材は4つ。ショウガ、ニンニク、醤油、そしてアサツキやワケギなどのネギ類全般です」と言う。料理ライター、マーゴット・ジャンによれば、キーとなるスパイスは花椒と八角で、たいてい一緒に使われる。いぶした香りのブラックカルダモンも重要だ。

　ショウガの使い方は成熟具合により異なる。ウィリアムは、「若いショウガはみじん切りにして風味付けに使います。ショウガは熟せば熟すほど辛味を増し、繊維質になり、薬品にはかなり古いショウガを使います。またスープにも入れます。酢漬けにすれば保存も可能で、これを薄く切って冷製肉や、有名なピータン（石灰の中で凝固させた鶏卵）に添えます」と説明する。スパイスはデザートにも使われる。ウィリアムによれば、「ショウガ汁で固めた水牛の乳は、広東省の有名なデザートのひとつ」に数えられるそうだ。

　五香粉には花椒、八角、シナモン、クローブ、フェンネルシードが入っており、地域により調合が異なる。フェンネルシードをガランガルで代用することも。おそらく中華料理で最も利用頻度の高いミックススパイスで、マリネや肉の調味で活躍する。

十三香は肉のマリネ、餃子の具材、肉団子、フィリングに使われるミックス。花椒、八角、シナモン、クローブ、フェンネルシード、乾燥ショウガ、シシウド、ガランガル、ベイリーフ、クミン、ブラックカルダモン、ホワイトカルダモンが入っており、スペインカンゾウや柑橘類の皮を入れることも。

ウィリアムは、広東料理では乾燥マンダリンオレンジの皮、陳皮が重要だと言う。「私の好物、陳皮入り鴨肉に使われる陳皮は典型的な広東省のスパイスで、甘いデザート、たとえばレンズマメの甘いスープにも使います」と語る。トウガラシは四川料理で多用され、特に発酵させた大豆ペーストと混ぜる〔豆板醬〕。

「中華料理のアイデンティティを
形成する必須食材は4つ。
ショウガ、ニンニク、醬油、
そしてアサツキやワケギなどのネギ類全般」

アジア　**87**

韓国・北朝鮮

　韓国での普段の料理は「米、スープ、野菜とシンプルです」と料理ライター、ルナ・キュンは言う。海外で高い人気を誇るのが牛肉を炒めたプルゴギや、ご飯に様々な野菜や味を付けた肉を乗せてコチュジャンを添えたビビンバなどの最近の料理だ。コチュジャンの原材料はトウガラシ、発酵大豆、液体調味料。朝鮮半島の料理によく見られる風味の組み合わせは、トウガラシ、ニンニク、ショウガで、発酵白菜、キムチにも使われる。アントナン・ボネの大好物は、キムチベースの煮込み、キムチチゲだ。

　朝鮮半島の料理の中心となる材料はトウガラシ。強烈な粉末赤トウガラシ、コチュカルはフルーティーな香りでやや燻したようなノートだ。生の青トウガラシも使うが、「調理の最後に加える」とアントナンは説明する。

「朝鮮半島の料理によく見られる風味の組み合わせは、
トウガラシ、ニンニク、ショウガ」

アジア　　**89**

日本

　日本人作家関口涼子は「和食の味の基本はだし。だしは鰹節やシイタケ、昆布でとります」と説明する。

　日本でトウガラシは日常的に使われる重要なスパイスだ。七味は文字通り「7つのスパイス」で、白ゴマ、黒ゴマ、山椒、トウガラシ、陳皮、海苔、ケシの実などが入っている。16世紀にトウガラシの普及に伴い、登場した。「もともと七味はお寺の横で売られていました。スパイスに薬用効果があるとされていたからです」と関口は説明する。「うどん、そば全般に合います。トウガラシが日本にもたらされる半世紀くらい前までは、そばにコショウを振って食べていましたが、完全に七味に取って代わられました」

　日本人の大好きな柚子コショウもピリッとした味わいのミックススパイス。ベルガモットのようにとても香り高い柚子を青トウガラシや塩と一緒に発酵させた調味料で、南部で一般的だったが、現在では各地に広まっている。昔から日本人は柚子を乾燥させて長期保存してきたが、現在ではペースト状の調味料に加工している。冷凍保存も可能だ。関口によれば「トウガラシと柑橘類の爽やかさが絶妙」で、肉だけでなく野菜炒めにも豊かな風味を添える。

　ゴマ塩はゴマと塩のミックスで、黒ゴマや金ゴマが使われる。日本ではもっぱらご飯にパラパラとかけて食べる。

　カレーは日本の大衆食のひとつ。関口は、「日本人のカレー好きは今に始まったわけではなく、19世紀にさかのぼります。イギリス人、次いでインドの独立運動家が日本に持ち込みました。異国に移る人間が持ち込むものといえばまず食です。カレーには2つの流れがあり、ひとつはインド人が経営するレストラン、もうひとつは日本風カレーです。日本風カレーはあっという間に日本で人気となり、給食や軍隊でも頻繁に出されました。滋養豊かな料理だったからです。日本人はカレーをよく理解していないのかもしれませんが、スパイスのきいた料理は好きです」と説明する。日本風カレーには無数のバリエーションがあり、決まったルールはほぼない。「自由の味、島から飛び出すための料理」なのだ。料理人、

山口 杉朗にとって、日本風カレーは日本が誇る定番料理。「カレーのことはよく
わからないけれども、とにかく食べる。とても食べやすいですし、おいしい。そ
して様々な味があります」と彼は言う。

　日本風カレーは大量生産されるようになり、イギリスと同じく、そのまま使え
るカレールーが販売されている。

　山椒は花椒に近い種類のスパイスで、日本に生育し、柑橘類のノートで、舌が
痺れるような味わい。昔からウナギの味を引き立てるのに使われてきた。

「日本風カレーには
無数のバリエーションがあり、
決まったルールはほぼない。
『自由の味、島から飛び出すための料理』なのだ」

南北アメリカ

北アメリカ
シナモンとバーベキュー

「面白いことに、アメリカ人は甘いもの好きで有名ですが、同時にかなりスパイシーで辛いものも大好きです。アメリカには折衷文化が定着していて、ほとんどの町にはインド人、アジア出身者、メキシコ人が住んでいます。朝食にブリトー、ランチに寿司、夕食にタイカレーという組み合わせも珍しくありません」と語るのは、パティシエで料理本も手がけるデイヴィッド・レボヴィッツ。香味や風味を専門とする料理ライター、ニク・シャーマも「私はアメリカで世界を発見しました」と語る。

アメリカの定番ペストリーには「たとえば平均的なフランスのペストリーに比べて、かなりの量のスパイスが使われています」とデイヴィッドは言う。アメリカのペストリーで使われる主なスパイスはシナモンで、ニク曰く「アメリカ料理と言えば最初にシナモンが頭に浮かぶ」そうだ。

アップルパイにもシナモンがたっぷりと使われる。アメリカでは、シナモンはたいていパウダー状だ。感謝祭（サンクスギビング）でおなじみのズッキーニパイにはシナモン、クローブ、ナツメグ、コショウ、バニラのミックスが使われる。キャロットケーキにもシナモン、ナツメグ、クローブ、液体バニラの香りがきいている。ジンジャーブレッドもアメリカ人の大好物。たっぷりのシナモンとクローブ、ナツメグが入っていて、八角やカルダモンが加わることも。

ジンジャーブレッド、ズッキーニパイ、アップルパイ用のミックススパイスはごく一般的で、スーパーマーケットで販売されている。

「平均的なフランスのペストリーに比べて、
かなりの量のスパイスが使われています」

北アメリカではトウガラシは重要な食材で、様々な種類が市販されている。背景にはメキシコが近いこともあるが、多数の外国食材店の存在も影響している。ニクはトウガラシのもたらす香味の幅広さについてこう語る。「艶のある赤を料理に添えたいときは、インドのカシミールチリをよく使います。料理の上から散らす粉末トウガラシはいろいろな種類を使い分けるのが面白く、手軽に料理の味を変えられます。特に気に入っているのが、アレッポトウガラシなどの中東のトウガラシとトルコのウルファ。スモーキーな香りのチポトレも大好きで、特にパンチのあるバーベキューにしたいときに重宝します。甘みがありスモーキーな風味のパプリカもよく使います」

　バーベキューは北アメリカ文化の核と言ってもいい。BBQ ラブは塩と砂糖のミックススパイスで、肉の香り付けはもちろん、皮がカリカリとした歯ごたえに焼き上がる。数えきれないほどのバリエーションがあるが、最も有名なのはカロライナラブ、メンフィスラブ、カンザスシティラブで、それぞれ発祥地にちなんで命名された。

「魂の食べ物」は、アメリカ南部のアフロアメリカンの料理文化で、17 世紀末にアメリカのプランテーションで働かされていた奴隷たちによって生み出された。ルーツは、ご主人様の残り物と奴隷の出身地（西アフリカ）の料理。ケイジャンで香り付けされたフライドチキンをワッフルと合わせたチキン・アンド・ワッフルもその一例だ。

　テキサスが生み出したテクス・メクス料理は、アメリカとメキシコのハイブリッド料理で、クミンやトウガラシなどのスパイスをたっぷりと使う。

メキシコ

トウガラシとバニラ発祥の地

　レストラン、パリ・メキシコのシェフ、カルロス・モレノは「メキシコの食事を支えるのは、ある意味でメキシコが世界に送り出した食材です。メソポタミアとメキシコで栽培化されたトウモロコシは、トルティーヤやメキシコパン作りに欠かせませんし、トウモロコシを使った料理はたくさんあります。またインゲンマメもあって、メキシコや周辺地域原産の品種は数十、数百にも上ります。言うまでもなくトウガラシはメキシコ以外の料理にも不可欠で、香り、辛味、スパイシーさを添えます。カボチャ類やトマトも昔からメキシコにありました」と語る。

　メキシコのトウガラシの使い方は無限。「200から300の品種があると思われ、色も風味も食感も違います」とカルロスは言う。使い方は丸ごと、刻んで、ソースと混ぜて、調理して、生で、乾燥させてといろいろ。数十品種が栽培されているが、ほとんどが野生で、数百種は特定の地域でしか育たない。しかも呼び方は扱い方により変わり、たとえば乾燥・燻製ハラペーニョはチポトレと呼ばれる。トウガラシを使った料理の中でも最も代表的なのはモーレだろう。これはソース名でもあり、肉（たいてい鶏肉）の煮込み料理名でもある。モーレを準備するには、いくつものトウガラシを巧みに組み合わせて、香りと辛味のほどよいバランスをとらねばならない。よく知られているのが、カカオを使ったモーレ・ポブラーノだ。

　メキシコではトウガラシは特別なシンボル。その昔、人々はトウガラシを通して神々に近づくことができると信じ、儀式の供物として供え、カカオとトウガラシを煎じた飲み物を神々に捧げていた。

　ユカタン半島には、ベニノキを使った飲み物や料理があり、ベイリーフ、クローブ、シナモン、クミン、オールスパイスも広く利用されている。

> 「トウガラシには200から300の品種があると思われ、
> 色も風味も食感も違います」

ペルー

　ロンドンのレストラングループ、セヴィーチェの創業者、マーティン・アレン・モラレスは、ペルーは卓越した生物多様性を誇り、リンゴだけでも 2500 品種あり、アンデスからアマゾニア地域までの多様な気候を映し出していると語る。数千年前にさかのぼるレシピや調理法もあり、インカ文明にも反映されている。またスペインからの入植者、イタリア、中国、日本、アフリカからの移民も料理のバラエティを広げた。

　この国を代表する料理セヴィーチェは、レチェ・デ・ティグレ（虎の乳）というマリネ液に漬けた生魚。マリネ液はライムをベースとし、生コリアンダー、アヒ・アマリージョ、タマネギの香味が特徴だ。オレンジやミカンなどの柑橘類を使って変化を加えてみたり、ニンニクやショウガを入れたりとアレンジも可能。ペルーではセヴィーチェを食べてからレチェ・デ・ティグレを飲む。こちらも爽やかな飲み物や、ペルーのアルコール、ピスコを加えてレチェ・デ・パンテーラ（パンサーの乳）というカクテルにアレンジできる。セヴィーチェのアレンジは無限で、中国や日本からの移民が持ち込んだ食材が使われることもある。

　中華料理の影響を受けた牛肉の炒め物ロモ・サルタードもペルーの代表料理のひとつで、醤油、アヒ・アマリージョ、クミン、オレガノで風味付けされている。

　パチャマンカは昔から伝わる調理法で、「地中での加熱」を意味する。肉や野菜をハーブとスパイスでマリネしてから、地面に掘った竈で調理する。

　ペルー料理には様々なトウガラシが使われており、中でもアヒ・アマリージョ、パンカ、ロコトの3種が有名。アヒ・アマリージョは黄色くてほどほどの甘みがあり、パンカは赤くて甘く、ロコトはとても辛い。

南北アメリカ　　**99**

アルゼンチン

　アルゼンチン料理はイタリア、スペイン、シリア、マグレブ移民の影響を色濃く受けている。共通するのはヨーロッパ人が広めたコショウ、イタリア人が持ち込んだオレガノ、シナモン、クミンの風味。アルゼンチンのトウガラシ、アヒ・モリードは甘みがあり、豊かな香りが特徴だ。

　アルゼンチン料理を代表するソースといえばチミチュリ。グリル料理に添えて出される調味料で、タマネギ、ピーマン、パセリ、アヒ・モリード、コショウ、オレガノ、少々のシナモン、クミンが入っている。

　エンパナーダは典型的なアルゼンチン料理で、半月形のパイに肉を詰め、乾燥アヒ・モリード、オレガノ、シナモン、クミンで調味する。

ブラジル

　ブラジル料理には「世界中の影響が凝縮されている」と、フランス南部ドローム県でプライベートシェフとして働くディナーラ・デ・モウラは言う。ブラジル料理ではポルトガルからの入植者、奴隷、ドイツ、日本、中国、レバノン移民など様々なルーツの料理が渾然一体となっている。

　ブラジルらしい風味を生み出すのは、ニンニク、タマネギ、現地に生育するコショウ、トウガラシ、ベイリーフ、クローブ、シナモン、セージ、レモン。

　黒豆、豚肉（ソーセージ、ラード、バラ肉）を煮込んだフェジョアーダは最も一般的な料理で、トウガラシとコショウがきいている。米を添えて、ピーマン、パセリ、タマネギ、レモン、ニンニク、ヴィネガー、ベイリーフ、コショウ、トウガラシを使ったチミチュリソースをかける。

　バイーア地方サルヴァドールはスパイスを最も多用する地域で、魚を煮込んだムケッカはスパイスのきいた郷土料理のひとつに数えられる。ココナッツミルクと濃縮トマトをベースとし、トウガラシとコリアンダーの風味が豊かだ。「アカラジェもバイーア地方の名物のひとつで、アフリカ奴隷の文化から来ています」と説明するのは、サルヴァドールのチョコレートブランド、アッマの創業者ディエゴ・バダラ。アカラジェは黒目豆をすりつぶして生地にし、エビを入れた揚げ物で、とても辛い。ストリートフードでおなじみのスナックだ。

　ブラジル料理では多種多様なトウガラシが活躍する。特にデドデモサは広く普及し、スペインのピキーリョに似ている。イタリア人が持ち込んだカラブリアトウガラシも各地で使われる。

南北アメリカ　　**101**

スパイス事典

ア

アサフェティダ　ASA FŒTIDA
別名：アギ
学名：*Ferula assa-foetida*
植物の根から抽出された樹脂で、パウダー状にされることが多く、粒状は少ない。硫黄のような不愉快な匂いだが、油で炒めると、ニンニクを思わせる匂いと味に変化する。主にインドのニンニクやタマネギを食べないコミュニティで、代用食材として用いられる。ウスターソースの原材料のひとつでもある。

アジョワン　AJOWAN
別名：スターフルーツシード、インディアンタイム、エチオピアクミン
学名：*Trachyspermum ammi*
アジョワンの種子はクミンの小さな粒に似ていて、タイムを少し辛くしたような味。主にインド料理に使われ、特に北部ではパラーターなどの平パンや、サモサなどのソルティなスナックに用いられる。

アニス　ANIS
別名：グリーンアニス
学名：*Pimpinella anisum*
アニスシードは小さくて細長く、乾燥していて、緑がかった茶色。独特な香りで、やや甘く、フェンネル、スペインカンゾウ、八角をイメージさせる。クネッケブロートと呼ばれるドイツのパンや、地中海沿岸の様々なスウィーツ（コルシカのカネストレッリなど）、アニス・ド・フラヴィニーという名のキャンディやドラジェに使われる。アブサント、パスティス、アニゼット（フランス）、アラック（レバノン）、ウーゾ（ギリシャ）、サンブーカ（イタリア）、ラク（トルコ）、マスティカ（ロシア）などのリキュールにも広く配合されている。

アヒ・アマリージョ(ペルー)　PIMENT AJI AMARILLO
ペルーの甘く黄色いトウガラシ。

アヒ・モリード(アルゼンチン)　PIMENT AJI MOLIDO
アルゼンチンのトウガラシで、辛さはほどほど。スモーク香がする。

アムチュール　AMCHOOR
別名：グリーンマンゴパウダー
学名：*Mangifera indica*
乾燥グリーンマンゴのパウダー。レモンのような香味と酸味がアクセントで、ダール、ベジタブルカレー、ピクルスなどインド北部の料理に多用される。北部の様々なストリートフードに振りかけられるチャートマサラ独特の風味は、アムチュールから来ている。

アルボル(メキシコ)　PIMENT D'ARBOL
長細くてとても辛いトウガラシ。ドライフルーツやワラのような香りで、特にメキシコのグアダラハラ地域では、ごく辛いソース作りに使われる。

スパイス事典　**103**

アレッポトウガラシ（シリア）　PIMENT D'ALEP
シリア原産で、レバント地域ではおそらく最も使われているトウガラシ。スパイシーかつ甘い香りがする。トルコではプル・ビベルの名で呼ばれる。

アングレ（フランス）　PIMENT D'ANGLET
フランス、バスク地方の青トウガラシで、ピペラードやバスク風チキンの煮込みなどの郷土料理に風味を添える。

イエローカレー（タイ）　CURRY JAUNE
スパイスと香料を使ったタイのペーストで、タイ料理のカレーペーストの中では最もマイルド。生ウコンを使っているため黄色く、コリアンダーシード、クミン、フェンネル、白コショウ、トウガラシ、ガランガル、レモングラス、コブミカンの葉、シュリンプペースト、コリアンダーの根、ニンニク、エシャロットが配合されている。

インディアンベイリーフ　LAURIER DES INDES
別名：インディアンバーク、インディアンカシア、タマラニッケイ
学名：*Cinnamomum tamala*
カシアに近い種の葉で、シナモンを思わせる香り。カレーと一緒に煮たり、食材を包んで蒸したりする。

ヴァドゥーヴァン（フランス）　VADOUVAN
フランスの商館が置かれていたインドのポンディシェリからヒントを得たフレンチカレー。タマネギ、ニンニク、フェヌグリーク、コリアンダーなどが入っている。

ヴィチペリフェリペッパー（マダガスカル）　POIVRE VOATSIPERIFERY
学名：*Piper borbonense*
マダガスカルの野生のつる性植物の漿果。木や花のような香りがし、柑橘類を思わせる。

ウコン　CURCUMA
別名：インディアンサフラン、イエロールーツ、インディアンカヤツリグサ、ブルボンサフラン、ターメリック
学名：*Curcuma longa*
ウコンの根茎を茹でて乾燥させてから挽いたゴールドイエローの粉末。ウコンは高さ1mの草本植物で、根元に根茎が生える。市販のウコンの多くは質が劣るため、着色料程度の扱いで知名度は低いが、良質なウコンはコショウやジャコウのように香り高い。インド、モロッコ、レユニオン島の料理には不可欠で、近年は健康にいいことからゴールデンミルクとして親しまれている。

ウスターソース（イギリス）　SAUCE WORCESTERSHIRE
デビルド・エッグやシーザーサラダなどのアングロサクソン圏の料理や、ブラッディマリーなどのカクテルに欠かせないイギリスの調味料。砂糖、塩、ヴィネガー、タマリンド、ミックススパイスが配合されているが、調合は秘密で、クローブやアサフェティダなどが入っていると思われる。現在では多数の国に定着したソースだ。

ウルファ（トルコ）　PIMENT URFA

イソトとも。フルーティーで木の香りがする。

エスプレット（フランス） PIMENT D'ESPELETTE
フランス、バスク地方に生育し、原産地呼称制度で保護されているトウガラシ。香り高く、辛味は控えめ。

エチオピアンカルダモン CARDAMOME ÉTHIOPIENNE
別名：コロリマ
学名：*Aframomum corrorima*
ベルベレやミトゥミッタなどエチオピアのミックススパイスに欠かせないスパイス。コーヒーに使われることもある。

オミ OMI
別名：ニンニクの木、ヒオミ、アロム、ロンデル、カントリーオニオン
学名：*Scorodophloeus zenkeri*
ニンニクに近い味で、樹皮も果実も利用する。西アフリカのペペスープなどに使われる。

オールスパイス POIVRE DE LA JAMAÏQUE
別名：ジャマイカペッパー、キャトルエピス
学名：*Pimenta dioica*
粒は滑らかでかなり大きい。コショウ、クローブ、シナモン、ナツメグに近い香味のため、キャトルエピス〔4つのスパイス〕とも呼ばれる。もともとジャマイカ島民が肉の保存と香り付けに使っていたが、現在でもこの利用法はジャークと呼ばれるバーベキューに生かされている。レバント地域の料理には欠かせないスパイスで、特に肉や米などの料理に広く使われる。ポーランド版ザワークラウト、ビゴスにも入っており、イギリスではクリーム、タルト、プディングに使われる。スカンディナヴィアではニシンなど魚の保存に幅広く使われ、東欧やニューヨークのユダヤ人移民コミュニティで食される牛肉ベースのシャルキュトリーの原材料としてもおなじみ。

オレンジピール ÉCORCE D'ORANGE
学名：*Citrus sinensis.*
南フランスでは、ドライオレンジピールを使ってソースに柑橘類の風味を加える。シチリア料理やチュニジアのテベルにも使われる。

カイエンヌペッパー PIMENT DE CAYENNE
フランス領ギアナ原産だが、ほぼ世界各地に広がった。非常に辛いトウガラシ。

カ

カシア CASSE
別名：シナニッケイ、偽シナモン
学名：*Cinnamomum aromaticum*
シナニッケイの樹皮で、シナモンに比べてかなり厚くて硬く、繊細さには欠けるものの、甘みと木の香りは強い。ピリッとした風味で、中国の五香粉に欠かせない。インドのマサラにも使われ、ドイツ、ロシア、アメリカでは「シナモン」と呼ばれ、シナモンよ

スパイス事典　　**105**

りも多用されている。

カシミールチリ（インド）　PIMENT DU CACHEMIRE
インドでは一般的なトウガラシ。光沢のある赤で、辛さはほどほど。フルーティーな風
味で多くの料理に使われる。そのまま乾燥したものや、パウダー状があり、濃い色が
人気の的。特にタンドーリミックススパイスに使われる。

ガジュツ　ZEDOAIRE
学名：*Curcuma zedoaria*
ショウガに似た根茎で、特にタイやインドネシアでサラダに使われる。

カスカベル（メキシコ）　PIMENT CASCABEL
丸いトウガラシで、乾燥するとマラカスのようにカラカラと音がする。辛さはほどほどで、
ドライフルーツやタバコのような香り。

カムネ（レバノン）　KAMMOUNÉ
レバノンのミックススパイス。ブルグルベースの様々なバリエーションがある国民食クッ
バに使われる。クミン、黒コショウ、シナモン、クローブ、ナツメグ、トウガラシ、バ
ラを含む10以上もの原材料が配合されている。

カラブリアトウガラシ（イタリア）　PIMENT CORNE DE CALABRE
イタリア、カラブリア地方のトウガラシで、角のような長い鉤形をしている。甘みがあり、
特に生で食される。

カラマサラ（インド）　KALA MASALA
インド、マハーラーシュトラ地方のミックススパイス。クミン、コリアンダー、クローブ、
シナモン、ブラックストーンフラワー、ローストココナッツ、ゴマ、トウガラシが配合され、
マメ類のカレーなどマハーラーシュトラ地方の料理に使われる。

ガラムマサラ（インド）　GARAM MASALA
インド北部のミックススパイスで、全国に広まった。ガラムは「温かい」の意で、コショ
ウがベース。コリアンダーシード、フェンネル、クミン、カルダモン、クローブ、シナ
モン、カシアが入っており、カレーや炒め物に使われる。

ガランガル　GALANGA
別名：タイジンジャー、スウィートジンジャー、ナンキョウ、大ガランガル
学名：*Alpinia officinarum*
白い根茎で、ところどころにピンク色の点が散っている。ショウガに似ているが、より
樟脳に近い香りで辛味がある。タイやインドネシアで多用され、イエロー、グリーン、レッ
ドカレーペーストに不可欠な原材料。

カリムンダペッパー（インド）　POIVRE KARIMUNDA
ケララ産コショウの一品種で、植物の爽やかな香りが特徴。

カレーリーフ　FEUILLES DE CURRY

別名：オオバゲッキツの葉
学名：*Murraya koenigii*
みっしりと茂る青い葉で、ミックススパイスのような温かな香りがする。インド南部、スリランカ、モーリシャス島の料理全般に使われる。

カンサリチリ（インド）　PIMENT KANTHARI
「ケララ産キダチトウガラシ」とも。ケララ地方のトウガラシで、タミル・ナードゥ地方にも生育する。とても辛く、香り高く、たくさんの亜種と色がある。香ばしいペースト状の調味料チャツネに使われることが多い。

乾燥ライム　CITRON NOIR
別名：リームー
学名：*Citrus latifolia*
グリーンライムを塩水で茹でてから乾燥させたもので、ライムの強烈な味がする。主にペルシャ料理の煮込みに使われる。

ガンパウダー（インド）　GUNPOWDER
インド南部のミックススパイス。ガンポディとも。特にタミル・ナードゥ地方とカルナータカ地方で多用される。レンズマメ、トウガラシ、カレーリーフ、クミン、ゴマ、ピーナッツがベースで、平たい蒸しケーキイドゥリや、クレープに似たドーサに振りかける。イドゥリもドーサも、ベースは皮をむいたケツルアズキと米。

カンポットペッパー（カンボジア）　POIVRE DE KAMPOT
カンボジアのカンポット地域に生育し、IGP（地理的表示）で保護されている。黒コショウはフルーティーでミントの、白コショウは柑橘類とハーブの香りがする。レッドペッパーはキャラメルとハチミツの香りを思わせる。

ギニアショウガ　MANIGUETTE
別名：ギニアグレインズ、グレインズ・オブ・パラダイス
学名：*Aframomum melegueta*
低木の蒴果で、ピラミッド形の小さな粒がさやの中に入っている。ピリッとした味はコショウやショウガに似ており、中世ヨーロッパでは、高価なコショウの代用品として広く使われていた。西アフリカやマグレブの料理で活躍し、ラスエルハヌートの原材料でもある。

キャトルエピス（フランス）　QUATRE-ÉPICES
フランスの伝統的なミックススパイスで、黒コショウ、ナツメグ、クローブ、ショウガが入っている。シャルキュトリー、煮込み料理、ジビエのマリネに使われる。

キャラウェイ　CARV
別名：ブラックキャラウェイ、カラム、ヒメウイキョウ
学名：*Carum carvi*
黒に近い焦げ茶色の小さな種子で、盛り上がった5本線が入っており、クミンに似ている。草本植物の果実で、辛くややアニスのような風味。ゴーダなどのチーズにも使われており、ドイツのハム・ソーセージ類、スウェーデンのライムギパンでもおなじみ。チュニジアのミックススパイス、タベルを中心にマグレブでも広く使われ、ドイツのキュンメル、スウェー

デンのアクアヴィット、フランスのベネディクト修道会が作るシャルトリューズなど酒類にも入っている。

キンセンカ　FLEUR DE SOUCI
別名：カレンデュラ
学名：*Calendula officinalis*
ドライカレンデュラはジョージアのスパイスに多用され、スヴァネティの塩にも入っている。一般的にサフランと混ぜたり、代用品として使われたりすることが多かった。

ギンバイカ　MYRTE
別名：コルシカペッパー
学名：*Myrtus communis*
地中海の低木の漿果で、青みがかった黒。地中海地域一帯、特にコルシカ島やサルデーニャ島のフィリング、マリネ、リキュールに使われる。

クベバ　POIVRE CUBÈBE
別名：長コショウ、ヒッチョウカ
学名：*Piper cubeba*
柄がついたインドネシア原産のコショウ。樟脳のような強い香りがし、特にマグレブで多用され、ラスエルハヌートにも配合される。

クミン　CUMIN
別名：偽アニス、ウマゼリ
学名：*Cuminum cynomum*
草本植物の果実で、5mmほどの長細い粒。9本のシワが入っている。苦くて温かみがあり、コショウのような味わい。世界で最も多用されているスパイスのひとつで、ドイツ、オーストリア、イギリス、スカンディナヴィア諸国のパンにも使われる。エダムチーズやゴーダチーズなどにも入っており、マグレブ、インド、メキシコでは料理で多用する。

グリーンカルダモン　CARDAMOME VERTE
別名：真正カルダモン、マラバールカルダモン、ショウズク
学名：*Eleteria cardamomum*
3辺が平らな楕円形の薄緑色の果実で、多年生草本の根元に実る。レモンのように爽やかな、樟脳やユーカリを思わせる香りで、インドのガラムマサラやレバント地域のバハラットなど様々なミックススパイスに使われる。インドやスカンディナヴィアではデザートにも多用される。

グリーンカレー(タイ)　CURRY VERT
タイ料理を代表するスパイスペーストのひとつ。青トウガラシ、エシャロット、ニンニク、ガランガル、レモングラス、コブミカンの皮、コリアンダー、クミンシード、白コショウ、シュリンプペースト、塩が配合されている。

クローブ　CLOU DE GIROFLE
別名：チョウジ、丁香
学名：*Engenia caryophyllata*

花蕾を乾燥させたもので、強烈でピリッとした香味がある。フランスではクローブを刺したタマネギをスープの香り付けに使う。ヨーロッパではジビエのマリネ、ソース、シャルキュトリーに使われることが多く、ホットワイン、インドの多くのマサラ、ラスエルハヌート、レバント地域のバハラットにも入っている。

グンドゥチリ（インド）　PIMENT GUNDU
大きくて丸く、ムンドゥとも呼ばれる。タミル・ナードゥ地方に生育し、辛さはほどほどで、非常に香り高い。

グントゥールチリ（インド）　PIMENT GUNTUR
インド南西沿岸アーンドラ・プラデーシュ地域のトウガラシ。香り高くとても辛い。亜種グントゥール・スナムは特に質が高い。

ケチャップ（アメリカ）　KETCHUP
トマトとスパイス（オールスパイス、コリアンダーシード、クローブ、クミンなど）がベースの、世界でポピュラーな調味料のひとつ。

五香粉（中国）　CINQ-ÉPICES
中国のミックススパイス。花椒、八角、クミン、フェンネル、カシアが配合され、様々な料理に使われる。

コショウ　POIVRE
別名：黒コショウ、白コショウ、グリーンペッパー、レッドペッパー、真正コショウ
学名：*Piper negrum*
支柱に巻き付いた長いつる植物に房状になる実。グリーンペッパーは完熟前に収穫し、塩水に漬けて色を保つ。フリーズドライにすることも。昔も今も日干しして乾燥させるが、乾くと黒くなる。レッドペッパーは完熟状態で収穫し、茹でてから乾燥させたもの。果皮をむいて乾燥させたものが白コショウ。長い間コショウは最も高価なスパイスであり、そのためどのスパイスよりも伝説的だ。インドでは3000年以上前から知られ、アレキサンダー大王が西洋にもたらした。

ゴダマサラ（インド）　GODA MASALA
インド、マハーラーシュトラ地方のミックススパイス。コリアンダー、シナモン、クミン、コショウ、インディアンベイリーフ、ブラックストーンフラワー、アジョワン、アサフェティダ、ウコン、ゴマ、ドライココナッツ、ケシ、トウガラシが入っている。

コチュカル（韓国・北朝鮮）　PIMENT GOCHUGARU
朝鮮半島原産の濃い赤のトウガラシで、パウダーとフレーク状がある。辛さはほどほど。

コチュジャン（韓国・北朝鮮）　GOCHUJANG
朝鮮半島の調味料で、大豆麹とトウガラシがベース。

コトペッパー（ペルー）　PIMENT ROCOTOロ
アンデス地方に生育するトウガラシで、小さなトマトに似ているが、とても辛い。

スパイス事典　　**109**

コブミカンの葉　FEUILLES DE COMBAWA

別名：カフィアライム

学名：*Citrus hystrix*

柑橘類の一品種の葉で、南アジアでソルティな料理の香り付けに使われる。特にタイでは、グリーンカレーペーストの原材料のひとつとしておなじみ。

ゴマ　SÉSAME

学名：*Sesamum indicum*

草本植物の種子で、ヘーゼルナッツを思わせる香り。白、金、黒の3種類がある。マグレブ、中東、インドで広く使われており、レバント地域のザータルや日本の七味唐辛子にも配合されている。

ゴマ塩（日本）　GOMASIO

ゴマと塩がベースの日本の調味料で、主にご飯に振りかける。

コリアンダー　CORIANDRE

別名：アラブパセリ、オスカメムシ、シャンツァイ、パクチー、コエンドロ

学名：*Coriandrum sativum*

草本植物の果実で、生ハーブとして使われる。コリアンダーシードにはレモンのような酸味があり、コショウのようにややピリッとしている。マグレブ、中東、インドの料理でおなじみ。

コロンボ（アンティル諸島）　COLOMBO

フランス領アンティル諸島のミックススパイスで、19世紀にセイロンから持ち込まれた。コリアンダー、ウコン、ドライガーリック、トウガラシ、マスタードが入っている。

サ

ザクロシード　GRAINES DE GRENADE

別名：ポムグラネイト、カルタゴのリンゴ

学名：*Punica granatum*

ザクロの種子を乾燥させたもので、酸味と甘みがあり、やや渋い。主にインド北部で使われ、パンやサモサなどのスナックに酸味と歯ごたえを添える。

ザータル　ZAATAR

学名：*Origanum syriacum*

自生する香草で、タイムやオレガノを思わせる風味。

ザータル　ZAATAR

ザータル、スマック、ゴマ、塩がベースのレバント地域のミックススパイス。

サテ（インドネシア）　SATAY

インドネシアのピーナッツベースのミックススパイスで、トウガラシの豊かな香りが特徴。

サフラン　SAFRAN
学名：*Crocus sativus*

アヤメ科の花の柱頭で、世界で最も高価なスパイス。各花には3本しか柱頭がなく、サフラン1kgを生産するには10万本の花を手摘みしなければならない。フランスのブイヤベース、スペインのパエリア、ミラノ風リゾット、イタリアのライスコロッケアランチーニ、ビリヤニ、インドの一部のデザートに欠かせない食材。

サラワクペッパー(インドネシア)　POIVRE DE SARAWAK

インドネシア、ボルネオ島原産のコショウで、黒コショウはねっとりとしてフルーティーな香り、白コショウは樟脳のような強い匂い。

山椒　POIVRE SANSHO
学名：*Zanthoxylum piperitum*

花椒の近縁に当たり、日本の本州に生育する。している。レモンやミントの香味が特徴。

サンバル　SAMBAL

インドネシア、マレーシア、シンガポールで一般的な調味料。トウガラシ、レモングラス、ウコンが配合され、料理の付け合わせとして出される。

サンバルパウダー(インド)　POUDRE DE SAMBAR

サンバルはインド北部のレンズマメと野菜のカレーで、タミル・ナードゥ地方やケララ地方で広く食されている。パウダーにはコリアンダー、クミン、赤トウガラシ、コショウ、そしてウコンなどあらゆるスパイスが配合されている。

シヴァタイ(インド)　PIMENT SIVATHAI

ウモロクとも。インド北東マニプル地方に生育し、世界有数の辛さ。これひとつで普通のトウガラシ100個分の辛さに相当すると言われる。たいていスモークされ、パイナップルやグアバなどのトロピカルフルーツのような香りがする。

シガレッタ・ディ・ベルガモ(イタリア)　PIMENT CIGARETTE DE BERGAME

イタリア原産のトウガラシで細長く、柔らかな風味。生でサラダに入れたり、揚げたり、酢漬けにしたりする。

七味唐辛子　SHICHIMI TOGARASHI

日本のミックススパイスで、白ゴマ、黒ゴマ、山椒、トウガラシ、陳皮、海苔、ケシの実の7つのスパイスが入っている。特に麺類やスープ類にかけて食べる。

シナモン　CANNELLE
別名：ファインシナモン、セイロンニッケイ、真正シナモン
学名：*Cinnamomum verum*

セイロンニッケイの樹皮を採取、乾燥させ、小さなロール状にしたもの。甘く温かみのある香りで、木を思わせる甘い味。おそらく世界で最も多用されているスパイスであり、ヨーロッパ各国のデザートの定番の香りで、インドの様々なマサラや、バハラットなどレバント地方のミックススパイスにも使われる。

ジャークスパイス（ジャマイカ）　JAMAICAN JERK RUB
肉、特に鶏肉をマリネしてグリルするときに使うミックススパイス。ガーリックパウダー、オニオンパウダー、トウガラシ、オールスパイス、シナモン、ナツメグ、クミン、クローブが入っている。

シャッタ（パレスティナ）　SHATTA
赤あるいは青トウガラシベースのレバノンの調味料で、料理に添えて出される。

ジャンサン　DJANSAN
別名：アクピ
学名：*Ricinodendron heudelotii*
熱帯雨林の果樹からとれる仁で、西アフリカ、特にカメルーンとコートジボワールでよく使われる。グリル肉のマリネやプレDG、ブラックソースなどに不可欠な食材。

十三香（中国）　TREIZE-ÉPICES
中国のミックススパイスで、マリネや詰め物（特に餃子）のタネの香り付けに使われる。花椒、八角、シナモン、クローブ、フェンネルシード、乾燥ショウガ、シシウド、ガランガル、ベイリーフ、クミン、ブラックカルダモン、ホワイトカルダモンなどが配合されており、スペインカンゾウや柑橘類の皮が加わることもある。

ジュニパーベリー　BAIE DE GENIÈVRE
別名：杜松果
学名：*Juniperus communis*
黒い漿果で常緑低木の果実。ねっとりとした香りで、やや柑橘類の風味も感じられる。アルザス地方やドイツのザワークラウト、西ヨーロッパのジビエ料理、スカンディナヴィアの一部のパンやペストリー、イギリスのプディングに使われる。ジンの独特な香りもジュニパーベリーから来ている。

ジュワラチリ（インド）　PIMENT JWALA
グジャラート地方に生育するトウガラシで、とても辛く、指のように細長い。

ショウガ　GINGEMBRE
学名：*Zingiber officinalis*
レモンや樟脳を思わせるピリッとした香りの根茎で、インド、中国、アジアでは主に生、モロッコでは乾燥状態で使われる。北アメリカのジンジャーエール、アフリカのジンジャージュース、インドのジンジャーレモネードなど、飲料にも多用される。

ジーラカリムンディペッパー（ケララ地方）　POIVRE JEERAKARIMUNDI
小さな粒が特徴的で、辛く、ねっとりとしている。

シラチャーソース（タイ）　SRIRACHA
トウガラシとニンニクがベースのタイのソースで、食材を漬けたり、別のソースのベースにしたりする。アメリカでは、フイ・ホン・フーズ社がこのソースをヒントにとても辛いオリジナル製品を生産しており、非常にポピュラー。

スヴァネティの塩（ジョージア）　SEL DE SVANÉTIE

ニンニク、フェンネル、コリアンダーシード、ブルーフェヌグリーク、トウガラシ、キンセンカ、クミン、ディルシードのミックススパイスで香り付けされた塩。

スウィートペッパー（レバノン）　POIVRE DOUX

ミックススパイスで、セブンスパイスなどレバノンのほとんどのミックススパイスに配合されている。市販されていて、そのまま使え、オールスパイス、トウガラシ、シナモン、クローブが入っている。

スクッグ（イエメン）　ZHUG

シュッグ、シュグ、ズーグとも。イエメンの青トウガラシのペーストで、現在ではイスラエル料理で広く用いられている。青トウガラシをヴィネガー、油と混ぜたものが主流で、コリアンダー、クミン、フェヌグリーク、カルダモンなどのスパイスが入ることもある。

スコッチボネット　PIMENT SCOTCH BONNET

極めて辛いトウガラシで、カリブ諸島、ジャマイカ、西アフリカで栽培されている。

スペインカンゾウ　RÉGLISSE

別名：リコリス
学名：*Glycyrrhiza glabra*
乾燥した根で、木やアニスの香りがする。ヨーロッパではデザートやキャンディの香り付けに使われる。

スマック　SUMAC

学名：*Rhus coriaria*
赤い漿果で、レモンのような酸味を料理に添える。主にトルコや中東の料理に使われ、ザータルの原材料でもある。

セイヨウニンジンボク　POIVRE DES MOINES

学名：*Vitex agnus-castus*
セイヨウニンジンボクの果実で、種子に辛味がある。

セイヨウメギ　ÉPINE-VINETTE

別名：バーベリー
学名：*Berberis vulgaris*
酸味が強い小さくて赤いベリーで、ペルシャ料理では米の香り付けに使われる。低木の果実で、アルプスではジャムにする。

セリムペッパー　BAIES DE SELIM

学名：*Xylopia aethiopica*
さやは黒くてこぼこで、インゲンマメの形をしており、中に黒い漿果が入っている。ややアニスのような香り。セネガルや西アフリカでは伝統的にアラビカコーヒーと混ぜてカフェトゥーバ（カフェスタッフとも）にする。

スパイス事典　　**113**

セロリシード　GRAINE DE CÉLERI

学名：*Apium graveolens*

セロリの果実で、5辺からなる小さな粒。セロリの味が凝縮されており、トマトジュースやブラッディマリーの風味付けに使われるセロリソルトの原材料。

タ

タスマニアペッパー（オーストラリア）　POIVRE DE TASMANIE

別名：ネイティブペッパー

ジュニパーベリーやギンバイカを思わせるコショウ。アボリジニは薬として使い、オーストラリアでは長い間コショウの代用品だった。

ダニチリ（インド）　PIMENT DHANI

キダチトウガラシの一品種で、インド北東部マニプル地方に生育する。とても辛く、カルカッタで多用される。

ダーバンカレーマサラ（南アフリカ）　CURRY MASALA DE DURBAN

ダーバン名物のミックススパイスで、とても辛い。コリアンダーシード、クミン、カルダモン、フェヌグリーク、クローブ、シナモン、トウガラシ、ショウガが配合され、ソース料理に使われる。

タマリンド　TAMARIN

別名：インドデーツ、チョウセンモダマ

学名：*Tamarindus Indica*

大木の果実で、果肉がペースト状に加工されて市販される。かなり酸っぱい香りで、インドや東南アジアの様々な料理にメリハリとコンフィのような香りをもたらす。南アメリカでは飲み物に使われる。

タンドーリマサラ（インド）　TANDOORI MASALA

インドのマサラで、インド北部ではこれにマリネした食材を、非常に高温に達する窯タンドーリで焼く。コリアンダーシード、クミン、フェンネル、ショウガ、シナモン、クローブ、カルダモン、コショウ、トウガラシなどが配合されている。

チポトレ（メキシコ）　PIMENT CHIPOTLE

乾燥・燻製したハラペーニョ。とても辛く、スモークした香りと軽い甘みが特徴。

チミチュリ（アルゼンチン）　CHIMICHURRI

肉料理に使われるアルゼンチンの調味料。タマネギ、ピーマン、アヒ・モリード、オレガノ、シナモン少々、クミン、塩、コショウが入っている。

チャイマサラ（インド）　CHAI MASALA

スパイス入りインドティー、チャイに使われるミックススパイスで、カルダモン、ショウガ、シナモン、クローブが入っており、コショウやサフランを加えることもある。

チャートマサラ（インド）　CHAAT MASALA

インド、特に北部でチャートの仕上げに使われるマサラ。チャートとはサモサ（フィリングを入れた半月形パイ）やパニプリ（フィリングを入れて揚げたミニパン）など、お茶の時間に食べるソルティなスナック。チャートマサラにはたいてい、クミン、ミント、アジョワン、アサフェティダ、アムチュール、クローブ、ショウガ、トウガラシ、塩、コショウが入っている。

チャナマサラ（インド）　CHANA MASALA

インド北部のヒヨコマメのカレー、チャナダールに使われるマサラで、コリアンダー、クミン、フェンネル、カシミールチリ、カルダモン、シナモン、クローブ、ナツメグ、ショウガ、黒コショウが入っている。

チリセラーノ（アメリカ、メキシコ）　PIMENT SERRANO

2cmほどのごく小さなトウガラシ。とても軽くてスパイシーな香りで、特にテクス・メクス料理のサルサに使われる。

チレ・アンチョ（メキシコ）　PIMENT ANCHO (MEXIQUE)

ポブラノを乾燥させたものをチレ・アンチョと呼ぶ。辛さはほどほどで、フルーティーなチョコレートに近い香り。メキシコ料理で多用され、特にサルサに独特の味わいをもたらす。

陳皮〔チンピィ〕　ÉCORCE DE MANDARINE SÉCHÉE

学名：*Citrus clementina*
中国や日本の調味料で、乾燥させたマンダリンオレンジの皮。

ディアボリッキオ・カラブレーゼ（イタリア）　PIMENT DIAVOLICCHIO CALABRESE

「小さな悪魔」とも呼ばれる、小円錐形のトウガラシ。地中海地域では最も辛く、非常に豊かな香り。

ティムットペッパー　POIVRE DE TIMUT

別名：ティムールベリー、グレープフルーツペッパー
ベリーを包む膜で、やや辛く、グレープフルーツやパッションフルーツの香りと、木を思わせる風味。噛むと舌が痺れる感覚が起こる。

ディルシード　GRAINES D'ANETH

別名：偽アニス
学名：*Anethum graveolens*
小粒で平たい楕円形で、薄茶色。アニスに似ていて、ややミントに近い温かみのある風味は、キャラウェイを思わせる。ロシアやスカンジナヴィアでは、ディルシードのヴィネガーを使って魚料理のソースを調理する。

テトラプレウラ テトラプテラ　QUATRE-FACES

別名：フォーサイド
学名：*Tetrapleura tetraptera*
熱帯樹木の果実で、4面からなる長いさや。西アフリカ料理、特にムボンゴソースに

使われる。

テベル　TEBEL

タビル、タベル・カルイアとも。チュニジアのミックススパイスで、主原料はコリアンダーとキャラウェイ。ニンニク、トウガラシ、パプリカも配合されている。シナモンやオレンジの皮、ウコンが入ることも。チュニジアでは煮込み料理、フィリングを入れた野菜、ソース、肉に使われる。チュニジアの方言でテベルはキャラウェイとミックススパイスの両方を指す。

デュカ（エジプト）　DUKKAH

エジプトのミックススパイス。ベースはスパイスとヘーゼルナッツで、料理に振りかけて使う。

デルサ（アルジェリア）　DERSA

アルジェリアの調味料で、ニンニク、コリアンダーシード、パプリカ、オリーブオイル、塩が入っている。これにクミンとコショウが加わることもあり、伝統的なスープ、チョルバなど多くの料理に使われる。

トウガラシ　PIMENT

別名：インドペッパー

一年生植物の果実で、長細い、丸い、薄い、厚いなど様々な形があり、長さも1-20cmとばらついていて、色も品種により白、黄、オレンジ、赤、紫、茶色、黒がある。植物学的にはトウガラシ属には5つの栽培種と22の野生種が含まれ、現在200以上の品種がある。

食べ方も生、燻製、ホール、パウダーと様々で、辛いものも甘いものもあり、香りもフルーティー、樹木、スモーク、草、花、苦いなど多様だ。辛味は凝縮したカプサイシンから来ている。アメリカの薬剤師ウィルバー・スコヴィルは1912年に、辛さを測るためのスコヴィル値を考案した。測定値には2種類ある。

基本測定値では、コショウは0、研究所で開発された世界で最も辛いペッパーXは30000以上に達する。簡易的測定値は1から10に分かれる。

辛いのが苦手な人のために付け加えると、カプサイシンは主に種子の中に凝縮しているので、種子と筋をとることで、辛味を避けて風味だけを楽しめる。

トウガラシはそれだけで1冊の本に値する植物だ。ここでは世界的に多用されている品種を紹介しよう。

トゥルティエールミックス（カナダ）　MÉLANGE À TOURTIÈRE

ケベック州の肉のパテ、トゥルティエールに使われるミックススパイス。セロリシード、黒コショウ、クローブ、シナモン、マスタード、ハーブ（特にタイムとセージ）が入っている。

トンカマメ　FEVE TONKA

別名：クマル、ギニアユソウボク

学名：*Dipteryx odorata*

長細く、黒っぽくて、溝の入った種子。南アメリカに生育する樹木の果実の豆。藁、タバコ、キャラメル、ピスタチオのような香りで、バニラを思わせる。

ナ

ナツメグ　MUSCADE
別名：バンダナッツ、ニクズク
学名：*Myristica fragrans*
アンズに似た果実の仁で、オレンジの網状の膜に包まれている。膜は乾燥するとメースになる。温かみがあり、どこか甘い香りで、コショウやシナモンを思わせる。

ニゲラ　NIGELLE
別名：ブラッククミン、ブラックオニオンシード（インド）
三日月形の黒い小さな果実。フルーティーで、土に近い燻したような匂いがする。インド北部、パキスタン、バングラデシュ、アフガニスタンの料理に使われる。

ニテルキッベ（エチオピア）　NITER KIBBEH
澄ましバター。たいていショウガ、クローブ、フェヌグリーク、クミン、シナモン、カルダモンで香り付けされており、エチオピアのタルタル、キトフォなど多くの料理の調味に使われる。

日本風カレー（日本）　CURRY JAPONAIS
パウダーやタブレット状で、コリアンダー、フェンネル、クミン、フェヌグリーク、コショウ、海藻などが入っている。

ニューメキシコチリ（アメリカ）　PIMENT DU NOUVEAU-MEXIQUE
ニューメキシコ州で栽培されているトウガラシで、レモンや土の香りがし、この地域では広く使われる。

ニョラ　PIMENT NIORA
乾燥したスウィートペッパーで、マグレブやスペインで使われる。

ニーラムンディペッパー（インド）　POIVRE NEELAMUNDI
ケララ産コショウの一品種で、フローラルな香り。

ネテトゥ　NÉTÉTOU
別名：アフリカンマスタード、スンバラ
学名：*Parkia biglobosa*
ネレの木のさやの種子を発酵させたスパイスで、セネガル、ギニア、マリの料理に使われる。

ノコス　NOKOSS
西アフリカのペースト状調味料で、ソースの香り付けや肉魚の味付けに使われる。トウガラシ、ショウガ、ネテトゥ、ピーマン、ニンニク、タマネギなどいろいろな材料が入っている。グリーンノコスは魚貝類、レッドノコスは肉、オレンジノコスは野菜に使われることが多い。

スパイス事典　117

ハ

バクルティ(チュニジア)　PIMENT BAKLOUTI
やや長方形の大きなトウガラシで、チュニジアではハリッサ作りに多用される。

パシーヤ(メキシコ)　PIMENT PASILLA
赤くて鉤形のトウガラシ。木や草の香りがする。

八角　BADIANE
別名：スターアニス、シベリアアニス、中国フェンネル、偽アニス、トウシキミ、八角ウイキョウ、大ウイキョウ
学名：*Illicium verum*
トウシキミの果実を乾燥させたもので、8つの角のある星の形をしている。アニスのような温かみのある香りで、五香粉にも入っている。マレーシア料理やインドの一部のマサラの味のカギでもあり、特にインド南部ハイデラバードのビリヤニに使われる。フォーなどのベトナムのスープの香り付けにも使われる。

バニラ　VANILLE
学名：*Vanilla planifolia, vanilla tahitensis, vanilla pompona*
つる性植物のさやで、茹でて乾燥させてから数か月間熟成させる。官能的な花のような甘い香りで、ほぼ世界各地のデザートに使われる。最も一般的なのはバニラ・プラニフォリア。タヒチ種はタヒチに生育し、ペストリーで広く利用される。水に滲出して使うのが望ましい。ポンポナ種はアンティル諸島やインドに生育し、質は劣るとされる。

ハバネロ(メキシコ)　PIMENT HABANERO
小粒で丸く、世界有数の辛さだが、香りはトロピカルフルーツや柑橘類を思わせる。

ババラット(レバント地域)　BAHARAT
レバント地域のミックススパイスで、中東（特にイスラエル、パレスティナ、シリア）では地方により大きく異なる。主な原材料はオールスパイス、シナモン、コリアンダー、コショウ、クミン、カルダモン、ナツメグ。煮込み、肉団子、米料理など多くの料理で活躍する。

パプリカ　PAPRIKA
スウィートペッパーの一種で、地中海地方や東欧で広く使われる。「パプリカ」という語はハンガリー語から来ており、スペインではピメントンと呼ぶ。ハンガリーでは辛さ別に分類されていて、エステモネスは甘く、フェレデス・グビヤスは中間、レッツァは辛い。ピメントンはドゥルセ（甘い）、アグリドゥルセ（中間）、ピカンテ（辛い）に分かれる。

BBQラブ(アメリカ)　BBQ RUB
スパイス、塩、コショウのミックスで、アメリカでは肉にこれをすりこんでからバーベキューにする。肉に風味とパリッとした食感をもたらす。たいていクミン、トウガラシ、コショウ、オニオンパウダー、ガーリックパウダー、パプリカ、砂糖、塩が配合されているが、

地域ごとに様々なレシピがあり、カリフォルニア、メンフィス、カンザスシティのラブが有名。

バラ　ROSE
学名：*Rosa damascena*
モロッコ、インド、中東で、スウィーツやソルティな料理の香り付けに使われる。

ハラペーニョ（メキシコ）　PIMENT JALAPEÑO
メキシコのトウガラシで、かなり辛いが、香りはフルーティーかつややスモーキー。

ハリッサ（チュニジア）　HARISSA
乾燥トウガラシ（スモークする場合も）ベースで、ニンニク、オリーブオイル、テベルと一緒にすりつぶした調味料。クミン、タイム、アニスを加えることも。チュニジアでは伝統的にクスクスに添えたり、サンドイッチに使ったりする。マグレブやレバント地域の料理全般に使われるようになった。

ハワイジュ（イエメン）　HAWAIJ
イエメンのミックススパイスで、スープ、ソース料理、コーヒーの香り付けに使われる。クミン、黒コショウ、ウコンが入っており、カルダモン、クローブ、キャラウェイ、ナツメグを加えることもある。

パンカペッパー（ペルー）　PIMENT PANCA
ペルーの赤トウガラシで、甘くフルーティーな味わい。

ハンガリーパプリカ　PAPRIKA DE HONGRIE
果肉だけを使ったスパイス。

パンダン　FEUILLES DE PANDAN
学名：*Pandanus amaryllifolius*
パンダンの葉は草やバニラに近い香りで、東南アジアではこれで具材を包んでから加熱したり、デザートに香りを付けたりする。

パンチフォロン（インド）　PANCH PHORON
パンチフォランとも。インド北東ベンガル地方の5つのスパイスを合わせたもので、クミン、マスタード、ニゲラ、フェンネル、フェヌグリークのホールシードが調合されている。

ピカンティッシマ　PICANTISSIMA
とても辛いイタリアの調味料で、乾燥させて粉末にしたトウガラシとオリーブオイルが使われている。

ピキン（メキシコ）　PIMENT PIQUIN
とても小さく、非常に辛いトウガラシ。香りはヘーゼルナッツに近い。

ヒハツ　POIVRE LONG
小さな棒の形だが、実際には房状に密生している。普通のコショウよりも繊細で甘い香りがする。

スパイス事典　　**119**

ヒハツモドキ(インドネシア)　POIVRE LONG DE JAVA
学名: *P. retrofractum*
ピリッとしていながらベリー類のような香りのコショウ。

ビベルサルチャ(トルコ)　BIBER SALÇA
トマト、スパイス、ハーブ入りのトウガラシペースト。トルコ料理の基本調味料。

ピメントン・デ・ムルシア(スペイン)　PIMENTÓN DE MURCIA
日干ししてから挽いたスウィートペッパーで、IGP(地理的表示)で保護されている。

ピメントン・デ・ラ・ベラ(スペイン)　PIMENTÓN DE LA VERA
ブナの木でスモークしたトウガラシで、甘みが強く、チョリソーに独特の風味をもたらす。
IGP(地理的表示)で保護されている。

ビヤダギチリ(インド)　PIMENT BYADAGI
インドの品種で、主に南部カルナータカ地方に生育している。辛さはほどほどで、とて
も香り高く、パプリカを思わせる。インド亜大陸南部の料理に広く用いられる。

ピリピリ　PIMENT PILI-PILI
アフリカの赤トウガラシで、アンティル諸島やアメリカにもある。小さいがとても辛い。

ビリヤニマサラ(インド)　BIRYANI MASALA
ビリヤニはインドの祝宴料理で、サフランライス、野菜、肉、魚などを重ねて、タマネギ、
ショウガ、ハーブ、スパイスと一緒に煮込む。フライドオニオンやドライフルーツを入
れることもあり、専用のマサラで香り付けをする。マサラにはコリアンダー、フェンネル、
カルダモン、シナモン、ナツメグ、メースが入っている。

ピンクペッパー　BAIE ROSE
別名: ブルボンペッパー、ペルーペッパー、コショウボク
学名: *Schinus molle*
コショウボクと呼ばれる樹木の果実で、フローラルな香りとピリッとした辛味、かすかな
甘みがある。ヨーロッパでは魚料理に使われることが多く、特に1980年代には高い
人気を誇った。

フェヌグリーク　FENUGREC
別名: フェネグリーク、ころは
学名: *Trigonella fœnum-graecum*
黄土色の小粒の種子で、硬く、平行四辺形で、ややつぶれていて、草本植物のさ
やに入っている。セロリやカレーのようにとても香り高く、エジプトやエチオピアのパン、
インドのマサラ、様々なカレー、レバント地域のセモリナ粉のスウィーツ、ヘルベに使
われる。

フェンネル　FENOUIL
別名: ワイルドフェンネル、ウイキョウ
学名: *Foeniculum vulgare*

多年草植物の果実で、種子は小さく、茶緑色。アニスに近いやや樟脳のような風味
で、イタリア料理で多用され、特にソーセージの香り付けに使われる。インドのマサ
ラでも重宝され、フランスではアルコール飲料パスティスに使われる。

フーコックペッパー（ベトナム）　POIVRE DE PHÙ QUÔC
ベトナム、フーコック島に生育するコショウ。黒コショウはドライトマトの香りで草を思わせ、
白コショウはミントの香り。レッドペッパーはマンゴの香りが特徴的。

ブト・ジョロキア（インド）　PIMENT BHUT JOLOKIA
インド北東に生育する世界有数の辛さのトウガラシ。

フメリスネリ（ジョージア）　KHMELI-SUNELI
ジョージアのミックススパイスで、コリアンダーシード、セロリシード、ブルーフェヌグリー
ク、ベイリーフ、ミント、ディル、ドライパセリが入っている。

ブラックカルダモン　CARDAMOME NOIRE
別名：グレーターカルダモン、ネパールカルダモン、アモムム・スブラトゥム
学名：*Amomum subalatum*
長さ2、3cmのカプセル形の果実で、深い溝が入っており、根茎に実る。スモーキー
な香りと樟脳のようなノートで、グリーンカルダモンよりも木の香りが強い。中国やベ
トナムではスープに、インドではマサラに使われる。

ブラッククミン　CUMIN NOIR
別名：カシミールクミン、インペリアルクミン、カロンジ
学名：*Bunium persicum*
三日月形の黒い小さな果実。フルーティーで、土に近い燻したような匂いがする。イ
ンド北部、パキスタン、バングラデシュ、アフガニスタンの料理に使われる。

ブラックストーンフラワー　FLEUR DE PIERRE NOIRE
別名：ヤママツゲゴケ
学名：*Parmotrema perlatum*
地衣植物の一種。インドではスパイスとして使われ、マサラ、特にマサラビリヤニに
深みを添える。

ブルーフェヌグリーク　FENUGREC BLEU
別名：ブルーフェネグリーク
学名：*Trigonella caerulea*
ブルーフェヌグリークの葉はバニラに似た香りで、アルプス地域ではこれを乾燥させて
スイスのチーズ（シャプツィガー）やチロル地方のパンに使う。コーカサス地方では、
種子を料理に利用する。

ブレスチリ（フランス）　PIMENT DE BRESSE
甘みが強く、フランスのブレス地方では長い間コショウの代わりに使われていた。

スパイス事典　　**121**

フロリナ（ギリシャ）　PIMENT FLORINA

ギリシャ北部フロリナ地方原産で、ギリシャでは最も一般的なトウガラシ。濃い赤で、牛の角のような形をしており、甘い香りがする。

フロル（アルジェリア）　HROR

アルジェリアの7つのスパイスのミックスで、黒コショウ、シナモン、クローブ、コリアンダー、ナツメグ、ショウガ、カルダモンが入っている。ソルティな料理はもちろん、セモリナ粉ベースのアルジェリアの代表的スウィーツ、タミナなどのスウィーツにも使われる。

ブンブ（インドネシア）　BUMBU

インドネシアのスパイスペーストで、料理やマリネの基本調味料として使われる。コリアンダーシード、クローブ、コショウ、ナツメグ、ガランガル、生ウコン、エシャロット、ニンニク、トウガラシ、シュリンプペーストが入っている。

ベイリーフ　LAURIER

別名：ローリエ、ゲッケイジュ
学名：*Laurus Nobilis*
厚みのある葉で、樟脳のようなピリッとした香り。特にフランスでスープの香り付けに使われる。

ベジタリアンチリ（フランス）　PIMENT VEGETARIEN

アンティル諸島のトウガラシでとても甘みがあり、香りが高い。

ベトナムカレーペースト（ベトナム）　PÂTE DE CURRY VIETNAMIEN

カレー用ペーストで、ショウガ、ウコン、コリアンダーシード、八角、シナモン、生コリアンダーの茎、ニンニクが入っている。

ベニノキ　ROCOU

別名：クチベニノキ
学名：*Bixa orellana*
濃い赤オレンジ色の小さな粒で、ややえぐみがあるが、甘美な香りがする。エダムやチェスターなどのチーズのオレンジ色は、この植物から来ている。

ペベ　PÈBÈ

別名：ぺぺ、ヒョウタンナツメグ、偽ナツメグ、エフル
学名：*Monodora myristica*
熱帯樹木の果実の種子で、ナツメグに似ている。西アフリカ料理の重要な食材で、煮込みやスープなど様々な料理に使われる。

ベルベレ（エチオピア）　BERBÉRÉ

エチオピアの伝統的ミックススパイス。フェヌグリーク、アジョワン、ニンニク、トウガラシ、ショウガ、ニゲラをベースに、エチオピアンカルダモンが加わることもある。ソース料理に使われる。

ベレンペッパー（ブラジル）　POIVRE DE BELÈM
バイーア地方に生育するコショウで、柔らかでフルーティーな香り。

ペンジャペッパー（カメルーン）　POIVRE DU PENJA
カメルーン、ペンジャ地方に生育するコショウで、IGP（地理的表示）で保護されている。木や竜涎香のような香りが特徴。

花椒〔ホアジャオ〕　POIVRE DE SICHUAN
別名：四川コショウ
柑橘類やミントの香りのコショウで、噛むと痺れる感じがする。中華料理で多用され、五香粉にも配合されている。

ホースラディッシュ　RAIFORT
別名：ドイツマスタード、修道士のマスタード、ワサビダイコン、ウマダイコン、レフォール
学名：*Armoracia rusticana*
草本植物の根で、強烈な香りと辛さ。特に中欧、東欧で消費され、肉料理のソースや調味料として使われることが多い。

ポピーシード　GRAINE DE PAVOT
別名：ケシ、ブルーポピー
学名：*Papaver rhoeas*
青みがかった黒い実で、ポピーの近縁種の花の蒴果の中に入っている。味はヘーゼルナッツに似ていて、東欧ではペストリー、特にユダヤのルゲラーに使われている。インドではこの実を煎じた飲み物をクスクスと呼ぶ。

ホワイトペッパームントク（インドネシア）　POIVRE DE MUNTOK BLANC
インドネシア、スマトラ島近くのバンカ島に生育するコショウ。爽やかでややミントや樟脳に似た香りが特徴。

ムンバイカレー（イギリス）　CURRY BOMBAY
イギリス人がインドの味を再現しようと発明したミックススパイス。柔らかく、香り高い味わいで、コリアンダー、フェヌグリーク、クミン、フェンネル、コショウ、シナモン、クローブ、ウコン、トウガラシが配合されている。

#

マサラ（インド）　MASALA
ケララ地方のミックススパイス。コリアンダー、クミン、赤トウガラシ、コショウ、ウコンが入っていて、様々な野菜や肉のカレーに使われる。

マスタード　MOUTARDE
ブドウ液や酸味ブドウ果汁の中でつぶしたマスタードシードがベースの調味料。古代ギリシャ・ローマ時代から作られており、当時のグルメ、アピシウスもレシピを紹介している。ペースト状で、ヨーロッパやアメリカで普及した。

マスタードシード　GRAINE DE MOUTARDE
学名：*Brassica nigra, alba, juncea, arvensis*
マスタードシードはクロガラシ、シロガラシ、カラシナ、ノハラガラシの4つの品種を指す。それぞれ草本植物の種子で、クロガラシはピリッと辛く、シロガラシは苦く、カラシナは甘みが感じられる。液体の中でつぶしたり、油脂で炒めたりしないと香りが出ない。調味料として使われ（マスタード参照）、インドでは一部のマサラに配合されており、炒めて野菜やダールに使う。

マスティック　MASTIC
学名：*Pistacia lentiscus*
ウルシ科の低木の樹液で香り高く、チューインガムやペストリー、ギリシャの一部のチーズに入っている。また中東でも広く使われている。

マダガスカルペッパー（マダガスカル）　POIVRE DE MADAGASCAR
マダガスカルに順化したコショウで、木やフルーツの香りが特徴。

マドラスカレー（イギリス）　CURRY MADRAS
インドの味を再現するためにイギリス人が発明したミックススパイスで、パンチがきいていて、辛い。コリアンダー、クミン、フェンネル、マスタード、コショウ、トウガラシ、ウコンが配合されている。

マハレブ　MAHALEB
別名：サンタ・ルチアチェリー、偽セイヨウミザクラ
学名：*Prunus mahaleb*
酸っぱいサクランボの核で、ビターアーモンドに通じる風味。アルメニアの復活祭に食べるブリオッシュに欠かせない。

マプチェミックス（チリ）　MÉLANGE MAPUCHE
チリのミックススパイスで、乾燥トウガラシ、コリアンダー、塩が配合され、肉や野菜料理に振りかける。

マラス（トルコ）　PIMENT MAR AS
アレッポトウガラシの近縁で、トルコとシリア間のマラス地域に生育する。

マラバーペッパー（インド）　POIVRE DE MALABAR
ケララ地方マラバール沿岸原産で、同地域に生育するコショウ。黒コショウは木やフルーツの、白コショウは動物やレザーの香り。挽くと非常に繊細で爽やかな香りが引き立つ。

マレーシアカレーペースト（マレーシア）　PÂTE DE CURRY MALAISE
ガランガル、ニンニク、エシャロットをベースとし、コリアンダーシード、クミン、フェンネル、コショウ、乾燥トウガラシ、クミンで香りを付けたカレーペースト。

ミックスケイジャン（アメリカ）　MÉLANGE CAJUN
ルイジアナ州で多用されるミックススパイスで、パプリカ、コリアンダー、マスタード、タイム、オレガノ、コショウ、ドライオニオン、ドライガーリックが入っている。米ベースのジャ

ンバラヤの調味に使われることが多い。

ミトゥミッタ（エチオピア）　MITMITA
エチオピアのミックススパイスで、キダチトウガラシ、エチオピアンカルダモン、クローブ、塩が配合されている。これにクミン、シナモンが加わることも。主にビーフタルタル、キトフォや、ソラマメベースの料理フル・メダメスに使われる。

ムボンゴ　MBONGO
別名：カメルーンワイルドペッパー、ジューシーギニアショウガ
学名：*Afromomum Citratum*
多年生植物の果実。焦げ茶色で、長さ数cmの楕円形のさやに白い果肉が入っており、たくさんの小さな黒い粒が詰まっている。ブラックソースに欠かせない食材。

ムボンゴミックス（カメルーン）　MBONGO MIX
「ブラックカレー」とも呼ばれるカメルーンのミックススパイス。ベースはムボンゴと、オミと呼ばれるスパイスで、ブラックソースに使われる。中央アフリカ全域に普及している。

ムラート（メキシコ）　PIMENT MULATO
チレ・アンチョと同じく、ムラートもポブラノを乾燥させたもの。ドライフルーツ、カカオ、スペインカンゾウの香りで、モーレに多用されるトウガラシのひとつ。

メース　MACIS
学名：*Myristica fragrans Houtt.*
ナツメグの実の種衣を乾燥させたもので、オレンジ色の網の形をしている。甘美で、ナツメグの香りに近いが、より繊細。

モーレ（メキシコ）　MOLE
トウガラシベースのメキシコのソースで、主に肉料理に添えて出される。様々なバリエーションがあるが、最も有名なのはカカオ入りのモーレ・ポブラノ。

モントリオールラブ（カナダ）　MONTREAL RUB
カナダのミックススパイスで、土にステーキやスモーク肉の味付けに使われる。黒コショウ、マスタードシード、ドライガーリック、ディルシード、トウガラシが配合されている。

ヤ

ヤジ（西アフリカ）　YAJI
西アフリカのストリートフード、スヤと呼ばれる串焼きのマリネに使われるミックススパイス。ピーナッツ、セリムペッパー、ショウガ、トウガラシ、コショウ、ブイヨンキューブが入っている。

柚子コショウ　YUZUKOSHŌ
日本の調味料で、柚子、トウガラシ（たいていは青トウガラシだが赤の場合も）、塩がベースの発酵ペースト。柚子はマンダリンオレンジやグレープフルーツ、レモンに近い独

特の香りを備えた日本の柑橘類。どんな料理の味も引き立てると言われ、刺身、てんぷら、うどん、焼き物など様々な和食に合わせて楽しむ。

ヨーグルトチリ、カードチリ（インド）　PIMENT YAOURT, CURD CHILLI
トウガラシをヨーグルトと塩に漬けてから日干しにする。インド南部の名物で、油で炒めてから、米とヨーグルトを混ぜたカードライスなどの料理の調味に使う。ピクルスの付け合わせにもなる。

ラ

ラッサムパウダー（インド）　POUDRE DE RASAM
インド南部で広く食される野菜スープ、ラッサムの香味付けに使われるミックススパイス。アサフェティダ、コショウ、トウガラシ、クミン、マスタードシードなどが入っている。

ランドチリ（フランス）　PIMENT DES LANDES
長くて赤いスウィートペッパーで、ランド地方の肉料理に使われる。

リョウキョウ　PETIT GALANGA
別名：小ガランガル、中国ガランガル
学名：*Alpinia officinarum*
樟脳の香りとスパイシーな味の根茎で、特に中華料理で生あるいは乾燥させたものを使う。

レチェ・デ・ティグレ　LECHE DE TIGRE
レモン汁とアヒ・アマリージョがベースのペルーのマリネ液で、セヴィーチェに不可欠。セヴィーチェは生魚のマリネで、ペルー料理を代表する一品。

レッドカレー（タイ）　CURRY ROUGE
スパイスと香料をきかせたタイのペーストで、コリアンダーシード、クミン、白コショウ、トウガラシ、ガランガル、レモングラス、コブミカンの葉、シュリンプペースト、コリアンダールート、ニンニク、エシャロットが入っている。

レバノンのセブンスパイス　SEPT-ÉPICES LIBANAIS
スウィートペッパー（市販されているミックススパイス）、黒コショウ、シナモン、グリーンカルダモン、ナツメグ、クローブ、トウガラシを混ぜたミックススパイス。

レモングラス　CITRONNELLE
別名：レモンソウ、レモンガヤ
学名：*Cymbopogon citratus*
根元から大きな葉が伸びる植物で、茎を料理に使う。レモンのような爽やかな香りが特徴。東南アジア料理の基本食材のひとつで、特にタイで多用される。

ロイヤルパプリカ　PAPRIKA ROYAL
パプリカ全体（果実、タネ、茎）を使ったスパイス。

ワ

ワサビ　WASABI
別名：ニホンホースラディッシュ
学名：*Wasabia japonica*
外はグレーグリーンで中は鮮やかな緑色の根。生、おろし、乾燥、パウダー状で使う。醤油、水で戻した乾燥ワサビを使ったペーストもある。とても辛くて刺激が強く、ホースラディッシュやマスタードを思わせる。

ワヒーヨ（メキシコ）　GUAJILLO
かなり甘みがあり、ベリー類の香りがする。メキシコではごく一般的なトウガラシ。

ントロロ　NTOROLO
トウガラシと香味料（ショウガ、ニンニク、タマネギ）を合わせたペーストで、西アフリカでは料理に添えて出される。

スパイス事典　　**127**

レシピ集

柚子胡椒

関口涼子

　この調味料のレシピを教えてくれたのは、パリ在住の作家、関口涼子。フランスでは柚子の入手はなかなか難しいが、香り豊かなこのペーストを試す価値は充分にある。柚子コショウはどんな料理もおいしくしてくれる、と涼子は言う。刺身、てんぷら、うどん、焼き物など正統な和食と素晴らしく合うが、涼子は創造力を発揮して、バターと合わせて魚に使ったり、醤油と合わせて肉に使ったりもする。トマトとモッツァレラチーズにも合うというのだから驚きだ。

385mlの瓶1個分
準備：45分
寝かせ時間：1週間
スパイスの調達：エキゾティック

材料
・黄柚子10個
・青トウガラシ100g
・塩40g

作り方
・柚子と青トウガラシを洗う。

・柚子の皮はむいて取っておく。100gほどになる。柚子1個を搾る。

・青トウガラシ、塩、柚子の皮、果汁をミキサーをかける。

・冷蔵庫で1週間ほど寝かせる。

・1か月ほど冷蔵庫で保存可能。さらに長期保存する場合は、冷凍も可。

調味料

キムチ

ルナ・キュン

キムチは朝鮮の昔ながらの、発酵を利用した野菜保存法。最も一般的なのは白菜のキムチだ。

このレシピを教えてくれたのは、パリ在住の料理作家ルナ・キュン。

キムチはビビンバに添えて調味料として出されることもあれば、チヂミなどの料理で調理されることもある。美味で香り豊かなことはもちろん、体にもよいことで知られる。

韓国のトウガラシが手に入らなければ、アレッポトウガラシやほどほどの辛さのトウガラシで代用できる。

1.5リットルの容器1個分

準備：1時間

寝かせ時間：8日間

スパイスの調達：エキゾティック

材料
塩漬け
・白菜1個（約1kg）
・海水塩150g
・水1リットル
調味料
・大根150g
・長ネギ40g
・ショウガ5g
・ニンニク10g
・コチュカル（粉末トウガラシ）
　35g
・醬油15ml
・砂糖小さじ3

作り方
塩漬け
・白菜を4つに切り分け、葉がバラバラにならないように気を付けながら芯をとる。それぞれを適当な大きさに切る。

・容器で塩を水に溶かし、白菜を10‐12時間漬けておく。塩水に葉が浸るように重石を乗せる。

・2、3度塩水を上からかけ、混ぜる。白菜がだんだんと沈んでいく。

・葉の筋が柔らかくなったら、水で3度洗う。

・白菜の頭を下に向けてざるに上げ、30分間水を切る。

調味料
・白菜の水切りをしている間、大根、長ネギ、ニンニクを洗う。

・ニンニクの皮をむき、芯を取り除いて、みじん切りにする。

・大根は細長く切り、長ネギとショウガは薄切りにする。

・これらすべてをトウガラシ、醬油、砂糖と混ぜ、時々かき混ぜながら1時間置く。

準備
・白菜の大きな葉を1、2枚とっておく。

・水を切った白菜を大皿か盆にとり、合わせておいた調味料を葉と葉の間に塗る。特に葉の根元にしっかりと塗る。

・調味料が漏れないように、葉を束ねる。

・調味料を塗った白菜を大きな容器に入れる。容器の4分の3まで白菜が来るようにする。

・最初にとっておいた白菜を乗せて、上から押して空気を抜く。

・しっかりと蓋をし、室温で2日間発酵させてから、冷蔵庫に入れる。

1週間後以降食べられるが、2、3週間後の方がおいしくなっている。

ナスのピクルス

ソニア・エズグリアン

　ソニアの頭の中では、家族に伝わる伝統的アルメニア料理とインスピレーションが交差している。このナスのピクルスをソーシソン〔サラミの一種〕、豚肉のテリーヌ、タルタルステーキ、マグロのマリネと合わせるのがソニアのお勧めだ。

385mlの容器2、3個分

準備：30分

調理：15分

寝かせ時間：1か月

スパイスの調達：専門店

材料

・小ぶりなナス4個

・ニンニク4個

・タラゴン8本

・サラワクかティムットペッパー小さじ1

・ハチミツ入りヴィネガーかシードルヴィネガー適量

・塩

作り方

・長めのナスなら縦に、丸いナスなら十字に切り込みを入れる。

・10分間蒸してから塩を振る。

・スクリュー瓶やジャーにナスを入れる。それぞれにニンニクの薄切り6、7枚、タラゴン2本、コショウ（ティムットやサラワクペッパーなど香りの豊かなコショウ）2つまみを加える。

・軽く押してから、ハチミツ入りヴィネガーかシードルヴィネガーをナスが完全につかるまで注ぐ。

・蓋を閉めて、冷蔵庫で1か月間寝かせてから食べる。

調味料　　**133**

スウィートマンゴピクルス

　インドではピクルスは毎日の食事に欠かせない調味料。このグリーンマンゴの
ピクルスは、グリーンマンゴの酸味、赤糖(未精糖のキビ砂糖)の甘味、パンチフ
ロンの香りが一体となった美味な一品。

385mlの容器3個分

準備：1時間

調理：45分

寝かせ時間：2時間

スパイスの調達：専門店

材料
- グリーンマンゴ1.5kg
- ウコン小さじ1
- 塩小さじ2
- マスタードオイル小さじ2
- パンチフォロン大さじ4
- 赤糖600g
- カシミールチリ大さじ1

作り方
- マンゴを洗って皮をむき、小さな角切りにする。

- サラダボウルにマンゴ、ウコン、塩を入れ、しっかりと混ぜて2時間マリネする。

- 底の厚いココット鍋で油を温め、パンチフォロンを入れ、油をよく絡めてから蓋をする。

- マスタードシードから弾ける音がしてくるまで、3分間待つ。

- すべての材料をココット鍋に入れ、ジャムのようにとろりとなるまで、弱火で45分ほど煮る。

- 殺菌しておいた容器に入れて、上下さかさまにしておく。

- 翌日、上下さかさまになっていた容器をもとに戻し、ラベルを貼る。

- 涼しく、乾燥して光の差さない場所なら、数か月間保存可能。

チェルムーラ

メリエム・チェルカウイ

チェルムーラはモロッコ料理に欠かせない調味料で、生レモン、シトロンコフィ、ハーブ、スパイスが組み合わさって、素晴らしいシーフードが完成する。特にイワシ、エビ、アンコウと好相性。モロッコ、ラバトのシェフ、メリエム・チェルカウイに教えてもらったレシピを紹介しよう。

4人分
準備：15分
スパイスの調達：手軽

材料
・生コリアンダー10本
・パセリ10本
・シトロンコフィ2分の1個
・小さなレモン1個
・クミン小さじ1
・スウィートペッパー小さじ1
・ニョラひとつまみ
・ニンニク1かけ
・オリーブオイル80ml

作り方
・ハーブを洗い、みじん切りにする。
・シトロンコフィを小さな賽の目切りにする。
・レモン汁50mlを絞る。
・ボウルにすべての材料を入れ、ゆっくりと丁寧に混ぜる。
・使うまで冷蔵庫に入れておく。

調味料　　**135**

アヒ・アマリージョペースト

マルティン・アレン・モラレス

　トウガラシペーストはペルー料理に欠かせない調味料。

　ロンドンのレストラングループ、セヴィーチェを立ち上げたマルティン・アレン・モラレスは、このペーストを自在に使いこなす。美しい黄色で、セヴィーチェのマリネ液、レチェ・デ・ティグレ(p138参照)の決め手であり、ヴィネグレットソースやマヨネーズにも合う。ベースとなるアヒ・アマリージョは鮮やかな黄色のトウガラシ。香り高くフルーティーで、さほど辛くない。アヒ・アマリージョではなく、好みのトウガラシを使っても。

190g分

準備：15分

スパイスの調達：エキゾティック

材料

・タマネギ2分の1個
・ニンニク2かけ
・生アヒ・アマリージョ100g（または35gの乾燥トウガラシを湯で戻す）
・油大さじ1

作り方

・タマネギの皮をむき、みじん切りにする。ニンニクは芽をとってつぶす。

・トウガラシの柄をとり、2つに切って、タネをとる。

・底の厚いフライパンで油を温める。

・中火でトウガラシとタマネギをかき混ぜながら、10分間炒める。

・ニンニクを加えて、トウガラシの色が変わらないよう注意しながら5分間炒める。

・これをブレンダーかミニミキサーに入れ、滑らかになるまで混ぜる。

・殺菌した容器に入れる。

・冷蔵庫で1週間保存可能。

・製氷皿に入れて冷凍すれば、6か月間保存可能。必要な分だけ解凍して使う。

調味料　　**137**

アヒ・アマリージョ風味のレチェ・デ・ティグレ

マルティン・アレン・モラレス

　虎の乳を意味するレチェ・デ・ティグレは、ペルーのセヴィーチェの香味の基本。ロンドンでレストラングループ、セヴィーチェを創業したマルティン・アレン・モラレスが教えてくれたレシピには、アヒ・アマリージョとライムがたっぷりと使われている。このマリネ液の残りは爽やかな飲み物にアレンジ可能。ピスコ少々を加えれば、レチェ・デ・パンテーラ（パンサーの乳）と呼ばれる人気のカクテルに変身する。

1回分

準備：15分

寝かせ時間：1時間

スパイスの調達：エキゾティック

材料

・ショウガ0.5cm
・ニンニク1かけ
・生コリアンダー4本
・ライム8個
・アヒ・アマリージョペースト小さじ2
・塩

作り方

・ショウガの皮をむき、洗ってから2つに切る。
・ニンニクの皮をむき、2つに切って、芽をとる。
・コリアンダーを洗う。
・ライムの汁を搾る。
・ボウルにライム汁、ショウガ、ニンニク、コリアンダーを入れる。
・アヒ・アマリージョペーストを加え、全体を混ぜる。
・使うまで涼しいところに置いておく。
・4時間保存可能。

レッドノコス

アント・コカーニュ

ノコスは西アフリカ料理で活躍する調味料。ここで紹介するのはアント・コカーニュのレシピで、肉に使われることの多いレッドノコス。グリーンノコスは魚貝類、オレンジノコスは野菜に使われる。

385mlのガラス瓶1個分

準備：10分

スパイスの調達：エキゾティック

材料

・赤ピーマン1個
・赤スウィートペッパーまたはベジタリアンチリ2個
・赤タマネギ1個
・ニンニク3かけ
・ショウガ20g
・トマト1個
・セロリ1本
・イタリアンパセリ2本
・生タイム2本
・パウダーネテトゥ大さじ1

作り方

・野菜を洗う。
・ピーマンとトウガラシのタネをとり、タマネギ、ニンニク、ショウガの皮をむく。
・トマトとハーブ類はざっくりと切る。
・すべてをミキサーにかけ、滑らかなピュレにする。
・ネテトゥと水大さじ3を加え、もう一度ミキサーを回す。
・ガラス瓶に入れる。冷蔵庫で1週間保存可能。

調味料　　**139**

ガラムマサラ

インド北部の伝統的ミックススパイスで、この30年で各地に普及した。ガラム
は「温かい」、マサラは「ミックス」を意味する。このマサラの温かみは、ベー
スのコショウから来ている。より素朴なガラムマサラでは、コショウにいくつか
のスパイスを混ぜる。家庭のガラムマサラはコショウとコリアンダーのバランス
が絶妙で、カルダモンとシナモンの香味がきいている。ここで紹介するのは、そ
うした家庭のガラムマサラだ。

大さじ2杯分

準備：5分

調理：7分

寝かせ時間：30分

スパイスの調達：手軽

材料

・長さ5cmほどのシナモンスティ
 ック1本

・カルダモン15個

・クローブ25個

・コリアンダーシード大さじ1

・クミンシード大さじ1

・フェンネルシード大さじ1

・黒コショウ15個

作り方

・フライパンを弱火で温め、す
 べてのスパイスを入れて、か
 き混ぜながら5分間炒る。

・火を止めて冷やす。

・グラインダーですべてのスパ
 イスをできるだけ細かく挽く。

・密封容器で保管する。

ミックスパイス　　**141**

ザータル

ザータルは原材料であるレバノン産タイムそのものと、このタイムを使った
ミックススパイスの両方を指す。レバノンからイスラエルまで、中東各地で広く
使われている。もともとはザータル、ゴマ、スマック、塩を合わせたもので、レ
シピによってはトウガラシ、コリアンダー、クミンが入ることも。マナイーシと
呼ばれるレバノンのパンやサラダなど多くの料理に不可欠なミックススパイス
で、ローストズッキーニからトマトサラダまで、ありとあらゆる普段の料理の味
を驚くほど引き立てる。

324mlの容器1個分

準備：5分

調理：7分

スパイスの調達：手軽

材料

・金ゴマ大さじ4

・レバノンタイム大さじ8

・スマック大さじ1半

・塩小さじ1

作り方

・鉄のフライパンで5分間、弱
火でゴマを炒めてから冷ます。

・グラインダーにタイム、スマッ
ク、塩を入れ、荒く挽く。

・ゴマを足して、密閉容器で
保管する。

タイグリーンカレー

グリーンカレーはタイ料理を代表する一品で、スパイス、ハーブ、香料がたっぷりと入っている。

様々な材料を使うが、自家製カレーペーストを試してみる価値は高い。乾燥エビが見つからなければ、ニョクマム大さじ1で代用できる。

このレピシでは4人分以上のペーストができ、冷凍保存が可能。

385mlの容器2個分

準備：15分

調理：5分

スパイスの調達：エキゾティック

材料

- コリアンダーシード大さじ半分
- クミンシード小さじ1
- 白コショウ小さじ1
- グリーンピーマン1個
- レモングラス2本
- 3cmのガランガル1個
- 3cmのウコン1個
- コリアンダー小束1
- ニンニク5かけ
- エシャロット3個
- ライム2個
- 青トウガラシ小3個
- 乾燥エビまたはシュリンプペースト小さじ1
- ニュートラルな味の油（ヒマワリ油など）大さじ2
- ココナッツシュガー大さじ1

作り方

- 鉄か底の厚いフライパンにコリアンダーシード、クミンシード、コショウを入れ、中火で5分間炒る。

- ピーマン、レモングラス、ガランガル、ウコン、コリアンダーを洗い、ざっくりと切る。

- ニンニクの皮をむき、芽を取る。

- エシャロットの皮をむき、大きめに切る。

- レモン汁を搾る。

- ブレンダーにすべての材料を入れ、ペースト状になるまで回す。

- 冷蔵庫で1週間保存可能。

144　　ミックスパイス

バハラット

バハラットはレバント地域の料理に欠かせない調味料で、地方ごとに無限のバリエーションがある。バハラットとはアラブ語で「スパイス」、「ブハラット」はヒンディー語やインドの多くの言語で「インド」を意味する。アラブ商人はスパイスルートでこのミックススパイスを調合していたので、インドと結び付けて考えられるようになったのかもしれない。

約40gの容器1個分
準備：10分
スパイスの調達：専門店

材料
・黒コショウ小さじ1
・コリアンダーシード小さじ1
・シナモンスティック1本
・クローブ小さじ2分の1
・オールスパイス小さじ2分の1
・クミンシード小さじ2
・さや入りカルダモン小さじ1
・ナツメグ半分

作り方
・フライパンを弱火で温める。
・すべてのスパイスを入れて、かき混ぜながら5分間炒る。
・火を止めて冷ます。
・グラインダーに移してなるべく細かく挽く。
・密閉容器で保管する。

ミックスパイス　　**147**

五香粉

　花椒、八角、クローブ、クミン、シナモンが絶妙に組み合わさった、中華料理の決め手とも言えるミックススパイス。

　このレシピは本書に登場した料理人から教わったものではなく、それぞれが教えてくれた配合や作り方の秘密を組み合わせたもの。味見した途端、中国で味わった香りや味わいが脳裏によみがえった。

約40gの容器1個分

準備：5分

加熱：5分

寝かせ時間：30分

スパイスの調達：手軽

材料

・花椒10g

・八角10g

・フェンネルシード10g

・カシア10g

・クローブ5g

作り方

・底の厚いフライパンで、それぞれのスパイスを別々に弱火で45秒から1分間炒る。

・冷ましてから、グラインダーで細かいパウダー状に挽く。

・密閉容器で保管する。

グリーンペッパー入り鴨のテリーヌ

ジル＆ニコラ・ヴェロ

　フランスでコショウは花形スパイス。このレシピを教えてくれたのは、パリでシャルキュトリー・デリカテッセン・メゾン・ヴェロを切り盛りするジルとニコラの親子。とてもクラシックで、グリーンペッパーをたっぷりと使い、スパイシーさが際立っている。テリーヌはフランスのシャルキュトリーの定番中の定番。作るのをためらう人もいるだろうが、このレシピはとてもわかりやすく、誰でも作れる。

6人分

準備：50分

調理：1時間半

寝かせ時間：一晩

スパイスの調達：手軽

材料

・豚のバラ肉（塊肉なら650g、挽肉なら500g）

・鴨のささ身800g

・挽いたコショウ2つまみ

・卵1個

・生クリーム50g

・グリーンペッパー（ホール）10g

・塩小さじすりきり3

作り方

・豚の皮や骨を取り除く。ただし脂身は残しておくこと。7mmほどに切る。

・鴨のささ身の皮を取り除いて、1.5cmほどの角切りにする。

・バラ肉をサラダボウル（またはミキサー）に入れ、塩、挽いたコショウを入れ、手かミキサーの低速で混ぜる。

・卵と生クリームを加え、均一になるまで混ぜる。

・鴨のささ身とグリーンペッパーを加える。

・手かミキサーの低速で5分間しっかりと混ぜてから、テリーヌ型に入れ、上から押さえる。

・テリーヌ型を冷たいオーブンに入れてから160度にセットし、スチームコンベクションモードで1時間半加熱する。

・熱いうちに、縁についたテリーヌをキッチンペーパーでふき取ってから冷ます。

・室温で1時間冷ましたら、冷蔵庫で一晩寝かせる。

・食べる30分前に冷蔵庫から出す。

インド風スープ、レモンのラッサム

ラッサムはインド南部を代表するスパイスのきいたスープで、ベースはタマリンドとコショウ。

スターターに出してもいいが、インドではターリー（いろいろな小皿料理が乗ったプレート）の一品としてほかの料理と一緒に楽しむことが多い。

トマト、レモン、ショウガ、ニンニク、コショウ、ミックススパイスなどいろいろなバリエーションがあるが、どれも体を温めてくれ、異国情緒を楽しめる。

4人分
準備：10分
調理：15分
スパイスの調達：専門店

材料
・マラバーペッパー小さじ2分の1
・クミンシード小さじ2分の1
・マスタードシード小さじ1
・エシャロット5個
・ニンニク6かけ
・タマリンドペーストクルミ大1
・オーガニックレモン1個
・カレーリーフ20枚
・アサフェティダひとつまみ
・ニュートラルな味の油
・塩

作り方
・フライパンを熱して、ペッパー、クミン、マスタードシード小さじ2分の1を入れ、5分間かき混ぜなら炒る。

・冷ましてから挽く。

・エシャロットとニンニクの皮をむき、つぶす。

・タマリンドペーストを250mlの水に5分間漬けてから、つぶして濾す。

・レモンを洗い、半分を搾って、もう半分は薄切りにする。

・鍋にタマリンドを漬けておいた水、ニンニク、エシャロット、ミックススパイス、カレーリーフ10枚、塩、アサフェティダ、水250mlを入れ、中火で10分間煮る。

・レモン汁を加える。

・フライパンで油大さじ2分の1を温め、マスタードシードの残りを炒め、蓋をしてから割れるまで加熱する。

・カレーリーフ10枚を加え、1分間炒める。

・これをラッサムに混ぜる。

・それぞれの椀につぎ分け、レモンの薄切りを1枚添えて温かいうちに出す。

スターター　　**153**

サモサ

パーヴィンダー・バリ

　サモサはインドの半月形の揚げパイで、家庭やストリートフードでおなじみだ。インドで電車に乗ると必ずといっていいほど、熱々のガラムサモサの売り子を見かける。スパイシーさが癖になるほど絶妙で、無数のバリエーションがある。このレシピを教えてくれたのは、インドのホテルグループ、オベロイで調理研修を担当するパーヴィンダー・バリ。このサモサは筆者が食べた中でも五指に入るが、それも複雑な配合のなせる業だ。すべての材料が手に入らなくてもがっかりすることはない。用意できるスパイスを最大限使って作ってみよう。

8個分

準備：1時間

寝かせ時間：10分

調理：35分

スパイスの調達：エキゾティック

材料
- フライ用植物油

生地
- 強力粉300g
- ギー70g
- アジョワン2g

フィリング
- ジャガイモ（中）2個
- ヒヨコマメ65g
- 揚げ油
- クミンシード8g
- アサフェティダ1g
- 生青トウガラシ18g
- 乾燥フェヌグリーク 18g
- 赤トウガラシパウダー17g
- ザクロシード17g
- コリアンダーパウダー17g
- チャートマサラ8g
- クミンパウダー8g
- 塩5g

作り方

生地
- サラダボウルにすべての材料と水135mlを入れて、硬めの生地になるまでこねる。
- ふきんをかけて、最低15分間寝かせる。

フィリング
- ジャガイモを洗う。
- 塩水でジャガイモに火が通るまで茹で、水を切って冷ましておく。
- 冷めたら皮をむいて、小さな角切りにする。
- ヒヨコマメを茹でる。
- フライパンで油小さじ1を温め、クミンシードを2分間炒る。
- アサフェティダ、青トウガラシ、ジャガイモ、ヒヨコマメを加え

て、2−3分間弱火でかき混ぜながら煮る。
- 乾燥フェヌグリーク、赤トウガラシパウダー、ザクロシード、コリアンダーパウダー、チャートマサラ、クミンパウダー、塩を混ぜる。
- 火を止めて冷ます。

サモサ
- 生地を柔らかくなるまでこねて、4等分する。
- 麺棒で長さ15cm、幅7.5cmの楕円形に伸ばし、横に2つに切る。
- ひとつを取って、角を合わせて円錐形にし、フィリング8分の1を入れる。
- 刷毛で縁に水を塗り、しっかりと閉じる。
- これを繰り返して全部で8個作る。
- 油を熱して、こんがりと色が着くまで揚げる。

モロッコ風ビーツサラダ

　私はこのサラダが大好き。何度もモロッコに行き、このサラダを食べたものだ。シトロンコンフィ、スパイス、ハーブをベースに何十回も味付けを模索して、たどり着いたのがこのレシピ。記憶に残る中でも最も絶妙なバランスだと自負している。

4人分

準備：15分

調理：30分

寝かせ時間：2時間

スパイスの調達：手軽

材料

・ビーツ500g（小2－3個）
・シトロンコンフィ2分の1個
・パセリ10本
・コリアンダー10本
・ニンニク1かけ
・レモン汁大さじ1
・オレンジ花水大さじ1
・クミンパウダー小さじ2分の1
・パプリカひとつまみ
・オリーブオイル

作り方

・ビーツを洗い、30分間蒸す。柔らかくかつ少々歯ごたえがあるくらいの茹で加減。茹で上がったら冷ましておく。

・シトロンコンフィを小さな角切りにし、ハーブはみじん切りにする。ニンニクの芽をとり、ニンニク搾りでつぶす。

・サラダボウルにレモン汁、オレンジ花水、つぶしたニンニク、シトロンコンフィ、すべてのスパイス、ハーブ、オリーブオイルを入れてソースにする。

・ビーツの皮をむき、角切りにする。

・ビーツとソースを混ぜ、食事の時間までそのままとっておく。

エンパナーダ

　食欲を誘う香りのする小さな半月形パイで、アルゼンチン名物。伝統的なクミン、アヒ・モリード、オレガノ、シナモン少々の配合が絶妙だ。パリでレストラン、クラシコ・アルジャンティーノを経営するエンリケ・ザノーニが教えてくれたレシピを紹介しよう。

6人分

準備：30分

調理：30分

寝かせ時間：30分

スパイスの調達：手軽

材料

- タマネギ1個
- ニンジン1本
- セロリ1本
- ニンニク2かけ
- 牛挽肉300g
- ドライオレガノ小さじ1
- クミン小さじ1
- アヒ・モリードパウダー小さじ2分の1
- シナモンパウダー小さじ4分の1
- 油
- 塩、コショウ

生地

- 練込みパイ生地450g
- 卵1個

作り方

- タマネギの皮をむき、みじん切りにする。ニンジンとセロリを洗う。
- ニンジンは細く切る。
- ニンニクの皮をむき、芽をとってみじん切りにする。
- 底の厚いフライパンで中火で油を熱し、牛の挽肉を5分間、茶色くなるまで炒める。
- タマネギと塩を加え、タマネギが透き通るまで5分間炒める。
- ニンニク、オレガノ、スパイス類を加え、さらに2分間炒めてから冷ます。
- オーブンを180度に予熱する。
- 練込みパイ生地を広げて、3㎜の厚さにし、直径6cmほどの円形に切る。
- それぞれの中央にフィリングをスプーン1杯分乗せる。
- 刷毛で縁に水を塗り、生地を閉じて、フォークで押さえる。
- 材料がなくなるまで繰り返す。
- 天板にオーブンシートを敷き、エンパナーダを置く。
- 卵に水大さじ1を加えて溶き、刷毛で表面に塗る。
- オーブンで15分間焼き、熱いうちにサーヴィスする。

158　スターター

ブロッコリーのトウガラシ&花椒炒め

　中華料理のレシピのごくシンプルなバージョンだが、ブロッコリーの味をグンと引き立てる。トウガラシが多いように感じられるかもしれないが、この調理法なら辛くなく、ほどよくスパイシーに仕上がる。

4人分
準備：5分
調理：20分
スパイスの調達：専門店

材料
・ブロッコリー300g
・乾燥トウガラシ5本
・花椒小さじ2分の1
・醬油大さじ1
・ゴマ油小さじ1
・油
・塩

作り方
・ブロッコリーを洗い、小房に分ける。
・塩と油大さじ1を入れた湯で3分間茹でる。歯ごたえを残すこと。
・トウガラシのタネを取り除き、小さく切る。
・中華鍋に油大さじ1を入れて熱し、トウガラシが色づくまで花椒と一緒に1分間炒める。
・ブロッコリーを加え、1分間加熱する。
・火からおろし、醬油とゴマ油をかける。
・混ぜてすぐにサーヴィスする。

メインディッシュ　　**161**

グリーンピースとニンジンのピラフ

　スパイスの香り豊かなピラフはインド料理の定番。私はクミン、カルダモン、シナモン、メース、クローブを使ったこのバリエーションが大好きだ。

4人分
準備：5分
調理：20分
スパイスの調達：専門店

材料
・ニンジン1本
・バスマティライス1カップ
・グリーンピース（生または冷凍）
　100g
・クミンシード小さじ2分の1
・カルダモン2個
・シナモンスティック2分の1本
・メース1個
・クローブ2個
・ギー
・塩

作り方
・ニンジンを洗って皮をむき、角切りにする。
・米を研ぐ。
・小さなココット鍋でスプーン半量のギーを温めて溶かす。
・すべてのスパイスを入れて、2分間炒める。
・米を加えて、1分間炒める。
・ニンジンとグリーンピース、湯2カップを加え、蓋をして弱火で湯が蒸発するまで、20分間ほど、途中で2、3回かき混ぜながら炊く。

ブレックファストポテト

アメリカの朝食では、スパイスがきいたローストポテトを目玉焼きと一緒に出す。ガーリックパウダーとパプリカの味付けが最もシンプルだが、クミンやウコンなどのミックススパイスでバリエーションをつけても。

4人分
準備：10分
調理：40分
スパイスの調達：手軽

材料
・ジャガイモ800g
・ガーリックパウダー小さじ2分の1
・パプリカパウダー小さじ2分の1
・クミンパウダー小さじ2分の1
・ウコンパウダー小さじ2分の1
・挽きたての黒コショウ小さじ4分の1
・オリーブオイル
・塩

作り方
・オーブンを180度に予熱する。
・ジャガイモを丁寧に洗い、2cmほどの角切りにしてボウルに入れる。
・すべてのスパイス、オリーブオイル大さじ2、塩を加える。
・天板にオーブンシートを敷き、ジャガイモを重ならないように置く。
・途中でひっくり返しながら40分間焼く。
・熱いうちに召し上がれ。

メインディッシュ　　165

ファラフェル

カリム・ハイダー

ファラフェルはもともとエジプト料理だったが、レバント地域料理を代表する一品となった。

ファラフェルとはアラブ語で「コショウ」の意。この揚げ料理に欠かせないスパイスのひとつだ。ファラフェルは世界中で人気を博し、今やベジタリアン料理の代表格。パリのレバノン惣菜店、レ・モ・エ・ル・シエルのシェフ、カリム・ハイダーのオリジナルレシピを紹介しよう。

10人分

準備：30分

調理：30分

寝かせ時間：一晩

スパイスの調達：手軽

材料

・乾燥ヒヨコマメ200g
・乾燥ソラマメ200g
・ハーブ（パセリ、コリアンダー、ディルなど手に入るもの）1束
・ニンニク3かけ
・コリアンダーパウダー大さじ2.5
・シナモンパウダー大さじ1
・黒コショウパウダー小さじ1
・食用重曹大さじ2分の1
・揚げ油
・塩小さじ1

作り方

・前日にヒヨコマメとソラマメを、5−6倍の分量の水に浸けておく。

・当日、水を切る。

・ハーブ類を洗い、ニンニクの皮をむいて芽をとる。

・すべてをミキサーで細かく砕く。

・半量をボウルに入れ、もう半量をさらに細かく切り、ボウルに入れておいた半量と混ぜる。

・スパイス類、塩、食用重曹を加えて混ぜる。

・揚げ油を温める。

・タネを丸めて、少量ずつ揚げる。

・こんがりと揚がったら油から引き上げて、キッチンペーパーの上に置く。

・熱いうちにサーヴィスする。

野菜のクスクス

ノルディーヌ・ラビアド

　パリのレストラン、ア・ミ・シュマンのシェフ、ノルディーヌが教えてくれたレシピで、母国チュニジアの伝統的クスクスをヒントにしたベジタリアンバージョン。ジュニパーベリー、ラスエルハヌート、ウコンの香りが豊かで、シンプルにおいしい。

4人分

準備：30分

調理：40分

スパイスの調達：手軽

材料
- 細かい粒のクスクス300g
- オリーブオイル

野菜
- ズッキーニ200g
- フェンネル2個
- ニンジン200g
- カボチャ300g
- カブ200g
- キャベツ4分の1個
- タマネギ1個
- ニンニク2かけ
- オリーブオイル大さじ4
- ラスエルハヌート大さじ1
- ウコンパウダー大さじ1
- ジュニパーベリー5個
- 濃縮トマト大さじ2
- 加熱済みヒヨコマメ200g
- 塩

作り方

野菜
- すべての野菜を洗う。
- ズッキーニは縦半分に切ってから横半分に切る。
- フェンネルとニンジンは縦半分に切る
- カボチャの皮をむき、5cm角に切る。

- カブは皮をむき、半分に切る。
- キャベツは葉をはがし、タマネギは皮をむいて薄切りにする。
- ニンニクは皮をむき、芽をとって、薄切りにする。
- シチュー鍋でオリーブオイルを中火で熱し、ニンニクとタマネギの薄切りとスパイスを3分間炒める。
- 濃縮トマトを加え、5分間煮詰める。
- フェンネルとカブ、ニンジンを加え、半分の高さまで水を入れる。
- 中火で20分間煮る。
- カボチャ、タマネギ、ズッキーニ、キャベツ、ヒヨコマメを加え、10分間煮る。必要に応じて水を加える。柔らかく煮るが、やや芯を残しておくこと。

クスクス

- まず冷たい状態でクスクスを湿らせる。クスクスに水大さじ1.5、油小さじ2分の1、塩小さじ2分の1を加えて、指先で混ぜる。
- しっかりと混ぜて、蓋をして10分間休ませる。
- これをクスクス鍋（蒸し器）に入れ、沸騰中の野菜や肉、魚のソースの鍋の上に載せる。クスクスの底がソースに浸らないよう気を付ける（浸るともったりとしてしまう）。

- 蒸気が上がってきたら、20分間蒸してから皿に移す。
- 冷たい水大さじ2を加え、よくほぐしながら混ぜる。この一手間で空気のように軽いクスクスに仕上がる。
- パサパサしすぎているようなら、水を加えてクスクス鍋に戻し、ほんの少し加熱してから同じ手順を繰り返す。
- クスクスが熱いうちに油大さじ1か、バタークルミ大1を混ぜて、皿に盛る。
- 大皿に盛ったクスクスの上に野菜を並べ、煮汁少々をかけて、残りは大きなボウルに移す。
- 熱いうちに召し上がれ。

メインディッシュ　　**169**

カレーチャーハン

関口涼子

日本ではカレーは定番料理。
パリ在住の作家関口涼子が教えてくれたこのチャーハンは、シンプルでおいしい。

6人分

準備：10分

調理：25分

寝かせ時間：10分

スパイスの調達：専門店

材料

・日本米300g

・ポロネギ1本

・卵3個

・塩小さじ1

・ごま油大さじ4

・日本のカレーパウダー小さじ3

・醬油大さじ3

作り方

・米を炊き、10分間冷ましておく。その間にポロネギを洗い、みじん切りにする。

・卵を塩と一緒に溶く。

・フライパンにごま油大さじ2を入れ、強火で溶き卵を15秒間炒め、皿にとっておく。

・フライパンにごま油大さじ2を入れ、強火でポロネギを炒める。火が通ったら、米とカレーを加える。

・米がパラパラになるよう混ぜ続ける。醬油と卵を加え、20秒間炒める。

・熱いうちにサーヴィスする。

メインディッシュ　　**171**

ヴァドゥーヴァン風ムール貝のワイン蒸し

ロランジェ

　レシピを教えてくれたのは、港町カンカルをフランスの一大スパイス中心地に成長させたロランジェファミリー。このムール貝はシンプルで格別なおいしさ。フレンチカレー、ヴァドゥーヴァンの香りが、伝統の一品に新鮮さを添える。

4人分

準備：5分

調理：15分

スパイスの調達：専門店

材料

・白ワイン200ml
・ヴァドゥーヴァン小さじ2
・バターミルク大さじ1
・ムール貝（掃除済み）2kg
・好みのハーブ少々

作り方

・大鍋で白ワインを10分間、半分になるまで煮詰める。

・ヴァドゥーヴァンとバターミルクを入れ、その後ムール貝を加える。

・蓋をして3－4分間煮る。

・煮汁と生のハーブ（セルフィーユ、ディル、フェンネルの葉）少々を加えてサーヴィスする。

スズキのセヴィーチェ

マルティン・アレン・モラレス

セヴィーチェはペルー料理を代表する一品。レチェ・デ・ティグレ（p138参照）には生とペースト状のトウガラシがたっぷりと使われている。この最高のセヴィーチェの秘密を教えてくれたのは、レストラングループ、セヴィーチェを経営するマルティン・アレン・モラレス。

アヒ・アマリージョが見つからなければ、生の赤または黄トウガラシで代用できる。

4人分
準備：30分
寝かせ時間：5分
スパイスの調達：エキゾティック

・材料
・サツマイモ1個
・赤タマネギ1個
・生コリアンダー10本ほど
・アヒ・アマリージョ1個
・スズキのフィレ600g
・アヒ・アマリージョ入りレチェ・デ・ティグレ1杯分（p138参照）

・塩

作り方
・サツマイモを洗って、火が通るまで茹で、皮をむいてから小さな角切りにする。

・タマネギの皮をむき、薄く切り、氷水に5分間浸ける。

・水を切って、ふきんかキッチンペーパーで余分な水分をとる。

・コリアンダーの葉をとる。

・トウガラシは細かく切る。辛いのが苦手な人は、タネと芯をとる。

・魚を約2x3cmに切り、ボウルに入れ、塩ひとつまみをよく混ぜて2分間休ませる。

・レチェ・デ・ティグレを魚にかけて、もう2分間休ませる。

・タマネギの薄切り、コリアンダー、トウガラシ、サツマイモの角切りを丁寧に混ぜ、すぐにサーヴィスする。

5つの香りのタラ

マーゴット・ジャン

　　五香粉で香りを付けたタラは中華料理の古典的一品。レシピを教えてくれたのは香港在住の料理ライター、マーゴット・ジャンだ。黄酒が手に入らなければ、ドライな白ワインで代用可。

4人分

準備：30分

調理：15分

寝かせ時間：30分

スパイスの調達：エキゾティック

材料

- タラの背身500g
- 黄酒（紹興酒）大さじ2
- 五香粉小さじ2
- 醬油大さじ4
- 長ネギ2本
- ショウガ10g
- 片栗粉小さじ1
- 衣用小麦粉
- ヒマワリ油大さじ4
- 水80ml
- ゴマ油少々
- 塩

作り方

- タラは3cmの厚さに切る。
- 黄酒、五香粉半量、醬油、塩少々を混ぜる。
- このタレに魚を漬け、30分間マリネする。
- 長ネギとショウガはみじん切りにする。
- 魚の水気をよく切る。
- タレに片栗粉、水、残りの五香粉を加え、よく混ぜる。
- 魚に小麦粉をまぶす。
- フライパンで油を熱し、魚をこんがりと焼く。焼けたらそっと取り出す。
- フライパンに長ネギとショウガを入れ、中火で1分間炒める。
- タレを加えてよく混ぜる。
- タレがとろりとしてきたら火を止めてゴマ油少々を加え、魚の上にかける。

チェルムーラ風エビ

メリエム・チェルカウイ

メリエム・チェルカウイは、モロッコ料理のレパートリーをヒントに贅沢なレシピを生み出す。彼女が教えてくれたレシピの中でも、このエビのマリネは最高の一品だ。

4人分

準備：10分

調理：10分

寝かせ時間：1時間

スパイスの調達：手軽

材料

・皮をむいたエビ500g

・チェルムーラ1杯分（p135 参照）

作り方

・ボウルでエビとチェルムーラを混ぜ、蓋などで覆って1時間マリネする。

・オーブンのグリル機能をオンにする。

・天板にオーブンシートを敷いて、エビを載せる。

・オーブンで焼き、5分経ったらひっくり返してもう5分間、火が通るまで焼く。

メインディッシュ　　**179**

ホロホロチョウのビリヤニ

　ペルシャ人がインドにもたらしたビリヤニは、特別な機会に食べる料理。インドではあちこちで出されるが、地方ごとにレシピが異なる。ここで紹介するのは、何代にもわたり私の家族の間で伝えられてきたレシピだ。

4人分
準備：30分
調理：1時間10分
寝かせ時間：2時間
スパイスの調達：手軽

材料
・ビリヤニマサラ大さじ2
・6－7cmのシナモンスティック
　3本
・カルダモン20個
・ナツメグ2分の1個
・クローブ25個

ホロホロチョウ
・ホロホロチョウ1羽
・タマネギ（中）5個
・トマト（中）2個
・ニンニク6かけ
・5cm大のショウガひとつ
・2cm大の青トウガラシひとつ
・生コリアンダー10本または冷
　凍コリアンダーのみじん切り
　大さじ2

・生ミント10枚
・無糖ヨーグルト125g
・レモン汁大さじ2
・コリアンダーパウダー大さじ3
・フェンネルパウダー大さじ1.5

・ビリヤニマサラ小さじ2.5
・ギー大さじ3
・塩

米
・バスマティライス1.5カップ半
・サフランひとつまみ
・2つに割ったカシューナッツ
　12個
・レーズン大さじ1
・塩

180　メインディッシュ

作り方

ビリヤニマサラ

- シナモンスティックを小さく割る。
- 熱くしたフライパンですべての材料を5分間弱火で炒る。
- 冷ましてから、グラインダーで細かく砕く。

ホロホロチョウ

- 肉屋でホロホロチョウの皮をとって、8個に切り分けてもらう。
- タマネギの皮をむき、最初の2層を取っておく。
- トマトを洗い、8つに切り分ける。
- ニンニクとショウガの皮をむき、トウガラシと一緒にすり鉢でつぶす。
- コリアンダーの葉を洗い、ざっくりと切る。
- ミントを洗う。
- シチュー鍋にホロホロチョウ、タマネギ、ショウガ、トウガラシ、ニンニク、ミントの葉、生コリアンダー、ヨーグルト、レモン汁、トマト、コリアンダーとフェンネルのパウダー、塩小さじ4分の3を入れる。
- 木ベラでよくかき混ぜ、蓋をして少なくとも2時間室温で置いておく。
- 蓋をしたまま鍋を中火にかけて沸騰させ、時々かき混ぜながら30分間煮る。
- ビリヤニマサラを加え、必要に応じて味を調え、15分間煮る。

米

- その間に、鍋でギー大さじ2を温める。
- 米を入れ、中火で揺らしながら透明になるまで2分間炒める。
- 熱湯カップ3と塩を入れ、時々かき混ぜながら水が蒸発するまで20分間ほど炊く。
- オーブンを200度に予熱する。
- とっておいたタマネギの2層を薄く切る。
- フライパンにギー大さじ1を入れ、タマネギをキャラメリゼしてから、別皿に取っておく。
- 同じフライパンにカシューナッツとレーズンを入れ、レーズンが膨らむまで30秒間炒める。
- サフランを熱湯大さじ1で溶く。
- 耐熱皿に米を敷き、サフランの入った湯を不規則にあちこちに注ぐ。レーズンとカシューナッツをいくつか入れ、ホロホロチョウを敷く。
- 材料がなくなるまでこれを繰り返し、最後に米が来るようにする。
- アルミホイルをかぶせて、オーブンで5分間焼く。
- 皿に盛り付けて、レーズンとカシューナッツ、ビリヤニマサラを少量添える。

メインディッシュ

チキングリーンカレー

　タイで最も一般的な料理のひとつだが、p144のレシピでカレーペーストを手作りすると、手の込んだ一品になる。チキンなしのベジタリアンバージョンも美味。

4人分

準備：15分

調理：30分

寝かせ時間：一晩

スパイスの調達：エキゾティック

材料

- 鶏肉500g
- マッシュルーム200g
- ナス（小）1個
- ズッキーニ1本
- 青トウガラシ1個
- ココナッツミルク300ml
- グリーンカレー大さじ3
- 野菜またはチキンブイヨン200ml
- パームシュガー大さじ2（なければ未精製のキビ砂糖）
- 魚醬大さじ2
- コブミカンの葉4枚（なくても可）
- タイバジルひとつまみ
- 油

作り方

- 鶏肉は小さく切り分ける。
- すべての野菜を洗う。
- マッシュルームは4等分し、ナスとズッキーニは大きな角切りにする。トウガラシは細い輪切りにして、辛いのが苦手な人はタネを取る。
- ココット鍋で油大さじ1を熱し、鶏肉を炒める。
- 野菜、ココナッツミルク、グリーンカレー、ブイヨン、砂糖、魚醬、コブミカンの葉を加え、ふつふつとさせながら、鶏肉と野菜に火が通るまで25分間煮る。
- 皿に盛り、トウガラシとタイバジルを添えてすぐにサーヴィスする。

182　メインディッシュ

プレヤッサチキン

アント・コカーニュ

セネガル料理プレヤッサチキンは、タマネギとレモンと一緒にソテーしたチキン。レシピを教えてくれたアント・コカーニュは、パリでモダンなアフリカ料理を広めている。

4−6人分
準備：40分
調理：45分
寝かせ時間：一晩
スパイスの調達：エキゾティック

材料
・平飼いの鶏肉1.5kg
・タマネギ500g
・レモン10個
・ブーケガルニ（タイムとベイリーフ）1束
・レッドノコス大さじ2（p139参照）
・マスタード大さじ2
・水250ml
・植物油40ml
・塩、コショウ

作り方
・鶏肉をきれいにし、切り分ける。
・タマネギの皮をむく。レモンを洗い、皮をむいて汁を搾る。
・ボウルでレッドノコス3分の2とマスタード、レモンの皮を混ぜ、このマリネ液を鶏肉に塗る。
・レモン汁半分を鶏肉にかける（残りは調理用に取っておく）。
・タマネギを薄切りにし、鶏肉と混ぜる。
・塩とコショウを振り、ラップなどで覆ってから涼しいところで一晩置く。
・翌日、鶏肉とタマネギを分ける。マリネ液は捨てないこと。
・フライパンに油20mlを引き、鶏肉を両側がこんがりとなるまで焼く。別の皿に取っておく。
・同じフライパンにマリネ液のタマネギを入れ、中火で15分間じっくりと加熱する。
・レモン汁の残り、ノコスの3分の1、ブーケガルニ、マリネ液を加える。
・必要に応じて、塩コショウで味を調える。
・15分間弱火で煮てから鶏肉を加え、ひたひたまで水を注ぎ、蓋をして中火で15分間煮る。
・熱いうちに大皿に盛ってサーヴィスする。

チルモル・デ・パト＆鴨のささ身のモーレ

　このレシピを教えてくれたのはパリのレストラン、パリ・メキシコでシェフを務めるカルロス・モレノ。チルモル・デ・パトはカルロスの故郷、メキシコ南部のタバスコ州のソース料理だ。伝統的に野生の鴨肉を使うが、カルロスは入手が簡単な飼育鴨のささ身を使った作りやすいレシピを教えてくれた。ローストズッキーニ、フライドプランテン、タマネギのピクルス、米を添えるのが彼のお勧め。

　アリタソウが見つからなければ、同量のオレガノで代用可。

4人分

準備：30分

調理：40分

スパイスの調達：エキゾティック

材料

・鴨のささ身1枚

ソース

・ドライチレ・アンチョ3－4本

・タマネギ1個

・ニンニク5、6かけ

・トルティーヤ6枚

・長細いトマト4個

・スウィートペッパー1個またはグリーンピーマン2分の1個

・炒ったパンプキンシード80g

・クローブ2個

・オールスパイス5粒

・生のアリタソウ1束または乾燥アリタソウ小さじ1

・挽いたクミンシードひとつまみ

・乾燥オレガノひとつまみ

・シードルヴェイネガー大さじ4

・ビーフブイヨン

・油またはラード

・塩、コショウ

作り方

・チレ・アンチョを洗い、へた、タネ、筋を取り除く。

・タマネギの皮をむき、ざっくりと切り分ける。

・大きなフライパンでトルティーヤを軽くこんがりと焼く。ところどころに茶色い焼き色が着くが、完全に焦がさないように。

・高温のフライパンで、チレ・アンチョをスパチュラで押さえながら、さっと各面を10-20秒焼く。これをぬるま湯に30分間浸けておく。

・熱いフライパンでタマネギ、皮つきニンニク、トマトをまんべんなくやや黒くなるまで焼く。

・別のフライパンで中火でパンプキンシードが破裂するまで焼く。

・野菜、スパイス、水に浸けておいたチレ・アンチョを混ぜる。ざるで濾してから鍋に油またはラード大さじ2と共に10分間焼き、塩、コショウを振る。

・トルティーヤをブイヨン少々と一緒にブレンダーにかけ、ざるで濾してから、その他の材料が入った鍋に入れ、6－8分間煮る。

・ヴィネガーを加える。

・パンプキンシードと水を滑らかにしっとりとするまでブレンダーにかける。ざるで濾してから鍋に加え、さらに10分間煮る。

・ソースが重いようなら、ブイヨン少々を加える。さらさらしすぎず、もったりしすぎず、滑らかな食感にすること。最後に味を調える。

・フライパンを熱し、鴨のささ身を皮目10分間、反対側5分間焼く。

・ささ身にソースをかけてサーヴィスする。

プレDG

アレクサンドル・ベッラ・オラ

　プレDGはカメルーン料理の代表格だが、実は誕生したのは1980年代半ばと比較的最近。ビジネスマンたちが通う手頃なレストランのメニューだったのを、女性たちが夫を喜ばせるために、家庭用にアレンジした。

　このエピソードとレシピを教えてくれたのは、パリ郊外モントルイユのレストラン、リオス・ドス・カマラオスと、パリのムッサ・ラフリカンでシェフを務めるアレクサンドル・ベッラ・オラだ。

6人分

準備：30分

調理：25分

スパイスの調達：エキゾティック

材料

ソース

・タマネギ1個
・ニンニク3かけ
・ショウガ20g
・パセリ4本
・ジャンサン30粒
・ペベ4粒

具

・ニンジン（中）3本
・ポロネギ1本
・赤ピーマン2分の1個
・黄ピーマン2分の1個
・プランテン4本
・ピーナッツ油またはヒマワリ油

鶏

・モモ肉6本
・スウィートカレー（ムンバイタイプ）大さじ2
・チキンブイヨン2個
・塩、コショウ

作り方

ソース

・タマネギ、ニンニク、ショウガの皮をむき、粗みじん切りにする。

・パセリを洗い、みじん切りにする。

・タマネギ、ニンニク、ショウガ、パセリ、ジャンサン、ペベをミキサーにかけて、ソースを作る。

・水350mlを加えて混ぜる。

具

・ニンジンとポロネギを洗って皮をむき、1cmの輪切りにする。

・ピーマンは洗って、小さな正方形に切る。

・プランテンの両端を切り、皮に縦の切り込みを入れてからむく。1cmほどの輪切りにし、ピーナッツ油で揚げる。

鶏肉

・モモ肉を3つに切る。

・ココット鍋を熱して、油大さじ1を入れる。

・鶏肉を焼いてから、油をふき取り、鶏肉は別に置いておく。

・ココット鍋に水0.5リットルとプランテン以外のすべての材料を入れ、カレーと細かく砕いたブイヨン、塩、コショウを振りかける。

・沸騰させてから10分間煮て、プランテンを加える。

・必要に応じて味を調え、15分間中火で煮る。

・熱いうちにサーヴィスする。

ケフテデス

　ケフテデスはギリシャのミートボール。

　私はギリシャが大好き。何度も足を運んだものだ。シナモン、オレガノ、ドライミントが組み合わされた古典的味わいは、キクラデス諸島のタヴェルナにいるような錯覚を起こさせる。

4人分

準備：20分

調理：15分

スパイスの調達：手軽

材料

・ジャガイモ2個

・パセリ10本

・ミント10本

・タマネギ10個

・卵1個

・牛挽肉500g

・パン1枚

・オレガノ小さじ1

・ドライミント小さじ1

・シナモン小さじ4分の1

・塩小さじ2分の1

・小麦粉適量

・オリーブオイル

・レモン1個

作り方

・ジャガイモを洗って、火が通るまで茹でる。ナイフがすっと入ったら茹で上がった合図。水を切って冷ましておく。

・パセリとミントを洗い、みじん切りにする。タマネギは皮をむき、すりおろす。

・ボウルで卵を溶く。

・ジャガイモの皮をむき、別のボウルでマッシャーを使ってつぶす。牛挽肉、細かくしておいたパン、タマネギ、パセリ、オレガノ、ミント、シナモン、卵、塩を加える。

・皿に小麦粉を出す。

・タネを手で丸めて小麦粉をまぶす。

・オリーブオイルをフライパンで熱して、ミートボールがまんべんなくこんがりと火が通るまで10分間ほど焼く。

・レモン4分の1を添えて、熱

いうちにサーヴィスする。

メインディッシュ　　**191**

フォー

　ベトナムのスープ麺で、ストリート朝食の定番。ブラックカルダモンの香り豊かな熱々のスープは身も心もほぐしてくれる。

4人分

準備：30分

調理：5時間

スパイスの調達：手軽

材料

・5cmほどのショウガ1かけ

・エシャロット2個

・牛骨300g

・八角1個

・シナモンスティック1本

・ブラックカルダモン1個

・タマネギ1個

・赤トウガラシ1本

・ランプステーキ80g

・麺250g

・ライム1個

・生ミント5本

・生コリアンダー10本

・ニョクマム

・塩、コショウ

作り方

・ショウガは皮をむいて洗う。エシャロットは皮をむく。それぞれをざっくり切っておく。

・大鍋に牛骨、ショウガ、エシャロット、八角、シナモン、ブラックカルダモン、水3リットルを入れる。

・沸騰させてから、弱火で5時間煮る。必要に応じて水を加える。最終的に約1.5リットルのスープになるようにする。

・スープを濾して、味を調え、冷めないように置いておく。

・タマネギの皮をむき、細切りにする。

・赤トウガラシ、ランプステーキも細く切る。

・湯を沸騰させ、麺を2分間茹でる。

・4つの椀に麺をつぎ分け、それぞれにランプステーキ、タマネギを少量乗せる。熱いスープを注いで、ニョクマム少々をかけてからサーヴィスする。

・ライム、ハーブ類、トウガラシは各自が好みで加える。

ムルージア

ファテマ・ハル

　ラムのコンフィを使った素晴らしいレシピを教えてくれたのは、パリの伝説的レストラン、ラ・マンスリアを経営するファテマ・ハル。

　ムルージアは12世紀にさかのぼる料理で、何度も手を加えられてきた。肉をアーモンドとレーズンに長時間漬けて、さらにサフラン、コショウ、バラの香りを移す。

6人分

準備：20分

調理：3時間

寝かせ時間：1時間

スパイスの調達：手軽

材料

・レーズン300g

・オレンジ花水大さじ1

・タマネギ2個

・塩小さじ2分の1

・コショウ小さじ2分の1

・サフランひとつまみ

・ラスエルハヌート小さじ2

・ラムのすね肉6個

・油大さじ2

・スメン（澄ましバター）大さじ2

・皮をむいたアーモンド150g

・ハチミツ100g

・バラのつぼみ6個

作り方

・ボウルにレーズンとオレンジ花水を入れ、隠れるくらいまでぬるま湯を注いで浸けておく。

・タマネギの皮をむき、すりおろす。

・別のボウルで塩、コショウ、サフラン、ラスエルハヌート、水を混ぜる。

・肉にこのソースの半量を塗り、鉄鍋に入れ、油と水1カップ、タマネギ、スメン、アーモンドを加える。

・沸騰させてから、弱火で2時間煮る。時々確認して、必要なら水を加える。

・レーズンの水気を切り、鍋に加える。先ほどのソースの残り半量も加え、さらに1時間煮る。

・ハチミツを加え、アーモンドとレーズンがキャラメル化するまで弱火で加熱し続ける。

・肉の周りにレーズンとアーモンドを添えて、上からバラのつぼみを1個あしらってサーヴィスする。

コショウ入り豚の角煮

リン・レー

　私はベトナム料理が大好き。ベトナムの友人リン・レーが教えてくれたのがこのレシピだ。キャラメリゼして作る豚の角煮はベトナムの定番料理で、このレシピでは花形スパイス、黒コショウをたっぷりと使う。コショウの種類により、料理の辛さも香りも違ってくる。

　リンはこれにケララ地方のコショウを小さじすりきり1杯加える。特に気に入っているのがジーラカリムンディペッパーで、このレシピには完璧だとか。もちろん好みで量を調節しても。

　ベトナムでは白米とキュウリを合わせるのが定番だが、ゴマ、生コリアンダー、長ネギを散らすのもお勧めだ。

4人分

準備：15分

調理：25分

スパイスの調達：手軽

材料

・豚肩ロース400g

・エシャロット1個

・砂糖大さじ2.5

・塩小さじ2分の1

・ニョクマム大さじ1

・植物油大さじ2

・挽いたコショウ小さじ1

作り方

・豚肉を厚さ2－3mmに切り分ける。

・エシャロットの皮をむき、薄切りにする。

・砂糖小さじ2分の1、ニョクマム、塩小さじ2分の1で合わせ調味料を作る。

・鍋で砂糖大さじ2を中火で5分間、キャラメル色になるまで加熱する。

・油大さじ1を加えてから、エシャロットの薄切りを加えて2分間炒める。

・さらに油大さじ1を加え、肉を炒める。

・蓋をせずに3分間、時々かき混ぜながら煮る。

・火を弱めて水大さじ5を加える。

・蓋をして弱火で15分間煮る。

・挽いたコショウを加えて、サーヴィスする。

ルガイユ・ソシス

ヴァレリー・ボダール

　パリで手作りのキャンディ類店カイユ・ブランシュを営むヴァレリー・ボダールの作るルガイユ・ソシスは、元気の出る素晴らしい一品。

　彼女は家族の出身地であるレユニオン島の風味を再現し、何代も受け継がれてきたこの料理に自分なりのアレンジを加えた。じっくりと煮込んだこっくりとしたソースが好きな彼女は、両親のレシピよりもさらにトマトの量を増やした。

　伝統的なレシピとは違って皮とタネを取ったトマトを使うのもヴァレリー流。翌日にはさらにおいしくなっているそうで、彼女はいつも前日に作っておく。

4－5人分

準備：20分

調理：1時間

スパイスの調達：手軽

材料

- トマト（中）8個（約900g）
- タマネギ2個
- ソーセージ1kg（レユニオン島のスモークソーセージ、なければモルトーやモンベリアールなどのソーセージか手作りソーセージ）
- タイム小さじ1
- ウコン小さじ2
- コショウ
- 油

作り方

- トマトを洗って皮をむき、種を取ってから、4つに切る。
- タマネギの皮をむき、薄切りにする。
- 鍋で湯を沸かし、ソーセージを1分間茹でる。茹で終わったら湯から取り出し水洗いする。
- ソーセージを厚い輪切りにする。
- ココット鍋で油大さじ1を熱し、中火でソーセージの両面をこんがりと焼く。焼けたら順次皿に取って置いておく。
- ココット鍋で油大さじ2を熱し、タマネギを入れて、中火でじっくりと焼く。
- タイムとトマトを入れて、蓋をしてトマトがトロトロになるまで20分ほど煮る。
- ウコンを入れて混ぜる。ソーセージを戻して混ぜ、蓋をし、じっくりと30分間煮る。
- ソースが好みの程度に煮詰まったら、ルガイユ・ソシスの完成。

春野菜とイベリコ豚のハムのパエリア

アルベルト・エライス

　パエリアは、サフランの香りのきいたスペインの伝統料理と、それを作るための鍋の名前の両方を指す。このレシピを教えてくれたのは、パリで惣菜店フォゴン・ウルトラマリノスを経営するアルベルト・エライス。パリで最高のテイクアウト用パエリアの店だ。

4〜5人分
準備：1時間
調理：1時間半
スパイスの調達：手軽

材料
トマトのソフリート
・赤タマネギ2個
・ニンニク4かけ
・完熟トマト800g
・オリーブオイル200ml
・砂糖ひとつまみ
・塩、コショウ

パエリア
・新ニンジン（小）2本
・新カブ（小）4個
・新タマネギ200g
・グリーンアスパガラス2分の1束
・生グリーンピース150g
・生ソラマメ50g
・柔らかい紫アーティチョーク（小）2個
・レモン1個
・ニンニクのみじん切り1かけ分
・野菜ブイヨン500ml
・ボンバ米またはその他の短粒種米200g
・ピメントン・デ・ラ・ベラ小さじ2分の1
・挽いたサフラン小さじ4分の1
・イベリコ豚の生ハム50g
・オリーブオイル
・塩

作り方

トマトのソフリート

・タマネギとニンニクの皮をむき、みじん切りにする。

・トマトを熱湯に数秒間浸けてから、冷水で冷やし、皮とタネを取って角切りにする。

・ココット鍋にオリーブオイルを入れ、5分間弱火でタマネギを透明になるまで炒め、ニンニクを加える。

・ニンニクが色づいてきたら、トマトを加える。

・ソフリートが煮詰まってもったりとするまで50分間ほど煮る。

・塩、コショウを振り、砂糖を少々入れてトマトの酸味を抑える。

・これをマッシャーで濾す。

パエリア

・野菜を洗って下ごしらえをする。ニンジンとカブはそのまま、タマネギは2つに切る。

・アスパラガスは硬い部分を取り除き、先端部分を残して皮をむく。

・グリーンピースとソラマメをさやから出す。

・ソラマメは熱湯で5分間茹でてからすぐに冷水に浸けて、皮をむく。

・アーティチョークを洗い、色が変わらないようにレモンをこすりつけ、レモン水に浸けておく。

・ニンニクの皮をむいて芽をとり、みじん切りにする。

・野菜ブイヨンを沸騰させずに温める。オーブンを150度に予熱する。

・パエリア鍋でオリーブオイル大さじ3を熱して、すべての野菜を中火で2分間炒める。

・野菜がこんがりと焼けてきたら、鍋の中央にニンニクを入れる。

・すべてに焼き色がついたら米を加え、透明になるまで炒める。

・木ベラを使ってトマトのソフリートを加える。

・ピメントンを加えて、焦げないように気を付けながら数秒間炒める。

・熱い野菜ブイヨンを注いで混ぜ、沸騰させる。サフランを加える。

・タイマーを17分かけて、中火で炊く。

・5分経つ頃にはスープの表面から米が見えてくる。

・ブイヨンを味見して、必要なら塩を加える。ただし水分が蒸発すると、味が濃くなるので要注意。

・パエリア鍋をオーブンに入れ、12分間加熱し、その後取り出す。

・3分間寝かせる。生ハムを載せて、すぐにサーヴィスする。

メインディッシュ　　**201**

赤コショウ、カルダモン、シナモン風味の チョコレートムース

チョコレートムースはフランスのごくシンプルなデザート。スパイスを使って無限のバリエーションが実験できる最高の一品だ。

6人分

準備：30分

調理：5分

寝かせ時間：2時間半

スパイスの調達：専門店

材料

・チョコレート180g

・脂肪分35%の生クリームまたはココナッツミルク100ml

・挽いた赤コショウ小さじ4分の1

・カルダモン5個

・シナモンパウダー小さじ2分の1

・卵4個

・塩

作り方

・包丁でチョコレートを細かく切り、大きなボウルに入れる。

・小鍋で生クリームを沸騰させ、スパイスを入れて30分間漬けておく。

・チョコレートを湯せんで溶かし、生クリームを加える。

・卵の白身と黄身を分ける。

・電動泡だて器で白身と塩ひとつまみを角が立つまで泡立てる。

・泡だて器を止める直前に黄身を混ぜる。

・チョコレートに卵5分の1を勢いよく入れる。これを残りの卵に戻して、ヘラで丁寧に混ぜる。

・冷蔵庫で最低2時間寝かせる。

いろいろなスパイスの組み合わせでバリエーションを楽しんでも。

・2つに割って掻き出したさや入りバニラ1本

・挽いたカルダモン6個分

・シナモンパウダー小さじ1

・挽いた赤コショウ小さじ2分の1

・挽いたカルダモン3個分、シナモンパウダー小さじ2分の1、

2つに割って掻き出したバニラ2分の1本

・挽いたカルダモン4個分、挽いた赤コショウ小さじ4分の1、2つに割って掻き出したバニラ2分の1本

・ガラムマサラ小さじ1

・チレ・アンチョまたはエスプレット小さじ4分の1、2つに割って掻き出したバニラ2分の1本

・挽いたトンカマメ小さじ4分の1

・挽いたマハレブ小さじ1

リンゴのシュトゥルーデル

ラウラ・ツァヴァン

　イタリア出身の料理ライター、ラウラ・ツァヴァンが教えてくれたレシピで、シュトゥルーデルは彼女の故郷ヴェネト州の代表的デザート。もともとトルコが起源で、オーストリア・ハンガリー帝国によりイタリア半島に持ち込まれた。トルコのバクラヴァの従兄妹のようなスウィーツだ。

4人分

準備：40分

調理：45分

寝かせ時間：1時間

スパイスの調達：手軽

材料

生地

・小麦粉250g

・オーガニックキビ砂糖大さじ1

・塩ひとつまみ

・オーガニック卵1個

・柔らかくなったバター30g

・水50ml

フィリング

・レーズン100g

・オーガニックオレンジ（農薬処理していないもの）1個

・オーガニックレモン（農薬処理していないもの）1個

・松の実60g

・リンゴ（フランスならカナダ、レネット、ボスコープ、ゴールデン）1kg

・キビ砂糖60g＋大さじ1

・シナモンパウダー小さじすりきり1

・クローブ4個（またはクローブパウダー2つまみ）

・自家製パン粉（硬くなったパンを砕く。ビスコッティを混ぜても）80g

・バター50g

・粉砂糖大さじ1

作り方

生地

- ボウルに小麦粉を入れ、真中をへこませて、順番に砂糖、塩、卵、バター、水を入れる。

- 作業台に生地を数回たたきつけ、滑らかで弾力が出るまでこねる。

- 湿ったふきんをかぶせて、30度のオーブンで30分間寝かせる。

フィリング

- レーズンを50-70mlのぬるま湯に浸けておく。

- オレンジとレモンは皮をすりおろす。

- レモン半分を搾り、汁を取っておく。

- フライパンで松の実を炒る。

- リンゴの皮をむき、角切りにする。これを砂糖60g、シナモン、クローブ、レモンとオレンジの皮、レモンの搾り汁、松の実、水気を切ったレーズンと混ぜる。

- 時々かき混ぜながら30分間漬けておく。その後、ホールクローブを使っている場合はこれを取り除く。

- オーブンを180度に予熱する（ファンモードがある場合はオフにする）。

- バター40gを溶かす。

- フライパンに残りのバター10gを入れ、パン粉をこんがりと焼く。

組み立て

- ふきんの上に生地を載せ、麺棒で厚さ2－3mmに広げる。

- 刷毛で溶かしバターを塗り、縁3cmを残してパン粉を散らし、フィリングを載せる。

- ふきんをうまく使って生地を巻いていく。焼いている最中にフィリングが外に出ないよう、生地の端をしっかりと閉じる。

- 天板にクッキングシートを敷き、シュトゥルーデルを乗せる。大きすぎる場合は、馬の蹄鉄形に曲げる。

- 溶かしバターを塗り、砂糖大さじ1を散らす。

- オーブンで45分間焼く。途中で残りの溶かしバターを塗る。焼き加減に注意。

- 焼きたての生地はパリパリだが、冷めるとしっとりする。

- 粉砂糖を散らして、常温でサーヴィスする。

デザート

バターナッツタルト

デイヴィッド・レボヴィッツ

　甘いカボチャ類のタルトはアメリカの定番中の定番デザートで、感謝祭（サンクスギビング）でも伝統的スウィーツとしておなじみだ。チーフパティシエを務めるアメリカ人のデイヴィッド・レボヴィッツのお気に入りは、滑らかでさらにコクがあるバターナッツバージョン。折り込みパイ生地のようなサクサクの生地とクリーミーでスパイスの香り豊かなフィリングのコントラストが絶妙な、美味なデザート。

8人分

準備：20分

調理：1時間40分

寝かせ時間：1時間

スパイスの調達：手軽

材料

生地

- ごく冷たいバター115g
- 小麦粉175g
- 砂糖大さじ2分の1
- 塩小さじ2分の1

フィリング

- バターナッツ1kg
- 生クリーム250ml
- 全乳125ml
- 卵4個
- キビ砂糖（白または茶）170g
- ジンジャーパウダー小さじ1
- シナモンパウダー小さじ1
- 挽いたクローブ小さじ4分の1
- 挽きたての黒コショウ小さじ4分の1
- 挽きたてのナツメグ小さじ4分の1
- バニラエッセンス小さじ2分の1
- コニャックまたはブランデー大さじ1

作り方

生地

- バターを3x1cmに切る。
- 小さなボウルに冷水150mlと氷を入れる。
- ケーキミキサーにドゥーフックをセットして、小麦粉、砂糖、塩を入れ、低速で回す。
- バターをざっくりと混ぜる。6mmほどの大きさのバターが生地の中に残るようにする。
- 氷水大さじ6を加え、しっかりとした生地になるまでこね続ける。必要に応じて水を追加する。
- 小麦粉を散らした台の上に生地を敷き、3cmほどの厚さの円に広げる。
- ふきんなどで覆って、冷蔵庫で最低1時間寝かせる。

フィリング

- オーブンを200度に予熱する。
- バターナッツを洗い、2つに切ってタネを取る。
- 天板にクッキングシートを敷き、バターを塗り、バターナッツの切断面を下にして置く。
- 一番厚い部分にナイフがすっと入るくらいまで、45分間ほどオーブンで焼く。
- 焼き上がったら室温で置いておく。
- オーブンを190度に下げる。

- 生地を冷蔵庫から出し、麺棒で広げ、バターを塗っておいたタルト型に入れてフォークであちこちに刺す。
- 生地の上にクッキングペーパーを敷き、タルトストーンか乾燥豆を載せ、20分間焼く。
- ブレンダーに生クリーム、牛乳、卵、砂糖、スパイス類、アルコールを入れる。
- スプーンでバターナッツの果肉を取り出し、500ml分をブレンダーに入れる。
- 完全に均一になるまでブレンダーを回す。
- 先に空焼きしておいた型にタネを流して、オーブンで35分間焼く。
- 温かいうちにまたは冷まして生クリームを添えてサーヴィスする。

スパイシーフルーツサラダ

ニク・シャーマ

アメリカで活躍するインド出身の料理ライター、ニク・シャーマのレシピで、インドのストリートフード、「チャート」フルーツがヒントになっている。インドでは、カットフルーツにチャートマサラをかけて食べる。

スパイスと塩加減が何とも美味な、夏の終わりのフルーツサラダ。このレシピはインドよりも手に入りやすい材料を使ったアメリカとインドの折衷で、メープルシロップとインドのスパイスの組み合わせが絶妙だ。

4人分
準備：30分
調理：30分
スパイスの調達：エキゾティック

材料
・ネクタリンまたは桃1個
・大きめのプルーン1個または小さいプルーンひとつかみ
・ブドウ400g
・ミント12枚
・ライム1個
・メープルシロップ60ml
・ザクロの糖蜜大さじ2
・アレッポ、マラス、ウルファなどのトウガラシフレーク小さじ1
・フェンネルシード小さじ2分の1
・挽きたての黒コショウ小さじ4分の1
・カラナマック（ヒマラヤブラックソルト）小さじ2分の1
・塩

作り方
・すべてのフルーツを洗う。
・ネクタリンは2つに切ってタネを取る。それぞれを細く切る。
・プルーンも同様に切る。
・ブドウはタネを取る。
・すべてのフルーツを大きなボウルに入れ、ミントを加える。
・ライム汁を約大さじ2搾る。
・別のボウルでライム汁、メープルシロップ、ザクロの糖蜜、塩を混ぜ、フルーツの入ったボウルに注ぐ。
・底の厚いフライパンでフェンネルシードを30－45秒、中火で炒ってから、鉢の中ですりこ木でつぶす。
・すべてをフルーツに加える。
・冷蔵庫で最低30分間冷やしてからサーヴィスする。

シナモンロール

　シナモンをきかせたブリオッシュはスウェーデンの焼き菓子の代表。生地にカルダモンを入れると、味が最高に引き立つとこっそり教えてくれたのは、パン店バゲリ・ペトリュスを経営するペトリュス・ヤコブソン。早速作ってみたことは言うまでもないだろう。

20個分

準備：45分

調理：15分

寝かせ時間：2時間

スパイスの調達：手軽

材料

ブリオッシュ生地
・カルダモン10個
・生酵母20g
・強力粉500g
・砂糖50g
・塩3g
・卵2個
・全乳120g
・冷たいバター100g

フィリング
・室温に戻したバター100g
・砂糖35g
・シナモンパウダー大さじ1.5

ツヤ出し
・卵1個

作り方

ブリオッシュ
・カルダモンの皮をむき、ごく細かいパウダーにする。

・小さなボウルで酵母をぬるま湯大さじ1と砂糖ひとつまみに浸す。

・ケーキミキサーにドゥーフックをセットして、小麦粉、砂糖、カルダモンを入れる。

・中央をへこませて酵母を入れ、外側に塩を入れる。

・1分間回す。

・卵と牛乳を加えて混ぜる。

・小さく切ったバターを入れ、しなやかな生地になるまで10分間ほどこねる。

・湿ったふきんで覆い、最低2時間、倍に膨らむまで置いておく。

フィリング
・小さなボウルでバター、砂糖、シナモンを混ぜる。軟膏くらいの硬さが目安。

ロール
・オーブンを180度に予熱する。

・作業台に小麦粉を振り、ブリオッシュ生地を置き、素早くこねてガスを抜く。

・麺棒を使って生地を約30x40cmの長方形に整える。台が小さければ2度に分ける。

・フィリングをまんべんなく置き、長辺に沿って折りたたむ。

・幅1.5cmの帯状に縦に切る。

・帯状の生地を手に取ってねじり、丸めてまとめる。

- 天板にオーブンシートを敷き、充分な間隔をあけて生地を置いていく。

- 卵を溶き、刷毛を使って各ロールに塗る。

- 焼き色が着くまでオーブンで15分ほど焼く。

- 粗熱が取れて温かいうちに、または冷たくなってからサーヴィスする。

デザート　211

ババ・オ・ラム

　この超古典的なスウィーツのレシピは、モナコにあるアラン・デュカスのレストラン、ルイXVで研修中に習い、自分なりにスパイス（カルダモン、シナモン、バニラ）を加えてアレンジした。時と共に私の「得意デザート」となり、今では家族や友人からしょっちゅうリクエストされる。

6−8人分

準備：1時間20分

寝かせ時間：3時間

調理：40分

材料

・良質なラム酒

ババ

・小麦粉200g

・バター70g

・ハチミツ10g

・酵母8g

・塩2g

・卵3個

シロップ

・水1リットル

・未精糖のキビ砂糖200g

・オレンジの皮1個分

・レモンの皮1個分

・こそいださや入りバニラ（メキシコかマダガスカル産）1本

・つぶしたカルダモン2個

・シナモンスティック（小）1本

シャンティイクリーム

・生クリーム400ml

・タヒチバニラ1本

・粉砂糖大さじ1

作り方

ババ

・小麦粉、バター、ハチミツ、酵母を混ぜる。

・ケーキミキサーにドゥーフックをセットして、塩と卵を1個ずつ入れる。

・生地がミキサーからはがれて滑らかになるまで、ミキサーを低速で30分間ほど回す。

・サバラン型にバターを塗って小麦粉を振り、生地を流し込む。室内で最低3時間寝かせる。

・オーブンを180度に予熱して、生地を25分間焼く。

・ナイフの先で焼き具合を確かめる。軽く色づいていること。

・型から外して冷ます。

シロップ

・鍋にすべての材料を入れ、沸騰させてから10分間加熱する。少し冷ましてから、ババを浸す。

シャンティイクリーム

・生クリームに砂糖とバニラの中身を入れて、しっかりと泡立てる。

・温かいババの横にシャンティイクリームを添えてサーヴィスする。各自が好みに合わせてラム酒をババに注ぐ。

デザート　　**213**

ゴールデンラテ

　世界中の都市のコーヒーショップに必ずと言っていいほどあるゴールデンラテの元祖は、昔から飲まれているアーユルヴェーダのレシピ。

　私はココナッツミルクとアーモンドミルクを使ったスパイシーなラテが大好き。個人的には味も食感も最高だと思う。

2人分
準備：5分
調理：4分
スパイスの調達：手軽

材料
・生ウコン3cm（またはウコンパウダー小さじ1）
・ショウガ2cm（またはジンジャーパウダー小さじ2分の1）
・アーモンドミルク300ml
・ココナッツミルク200ml
・シナモンスティック（小）1本
・挽いたカルダモン2個分
・コショウグラインダー1回分
・好みに応じてハチミツ、アガベシロップ、デーツシロップで甘みを付ける。

作り方
・ショウガとウコンの皮をむき、洗う。
・すり鉢でする。
・小鍋にすべての材料を入れて、4分間、沸騰させずに温める。
・好みに合わせて甘みを付け、すぐにサーヴィスする。

飲み物　　**215**

マサラチャイ

インドが誇る最高の飲み物チャイ。

スパイス、紅茶、ミルク、砂糖を煎じたもので、インド各地に無数のバリエーションがある。現在では世界的な人気を誇り、有名なコーヒーチェーン店でも出されている。

4杯分
準備：2分
調理：8分
スパイスの調達：手軽

材料
・水ティーカップ5杯分
・つぶしたカルダモン1個分
・クローブ2個
・シナモンスティック1本
・ショウガのすりおろし小1個分
・茶葉小さじ2
・ミルクティーカップ1杯分
・砂糖

作り方
・水にすべてのスパイスを入れ、5分間煮る。
・茶葉を加え、さらに10秒煮る。
・その間にミルクを温める。
・茶を濾してミルクを注ぎ、混ぜる。
・熱々のうちにサーヴィスして、好みで砂糖を加える。

216　飲み物

スパイシーホットワイン

　ホットワインといえばウィンタースポーツ。特にアルプスでは、フランス側でもイタリア側でもおなじみの飲み物だ。スパイスと柑橘類の香りが豊かで、体を温めてくれ、山での1日の疲れも和らぐ。

　ここに紹介するのは私のオリジナルレシピで、伝統的なシナモンとショウガのほかにカルダモンが新鮮な風味。ホットとはいえ、もとのワインがよくなければおいしく仕上がらないので要注意。

6人分	材料	作り方
準備：2分	・オーガニックオレンジ1個	・オレンジの皮をむく。
調理：20分	・質のよい赤ワイン1瓶	・鍋にワイン、砂糖、オレンジの皮、スパイス類を入れる。
スパイスの調達：手軽	・砂糖100g	・沸騰させずに20分間ほど煮る。
	・シナモンスティック1本	・熱々のうちに飲む。
	・カルダモン2個	
	・ジンジャーパウダー小さじ1	

飲み物　**219**

ジンジャーエール

　ショウガ入りの飲み物は世界各地にある。北アメリカでごく一般的なこのレシピは、爽やかな夏の飲み物として愛されている。

4人分	材料	作り方
準備：15分	・ショウガ100g	・ショウガを洗って皮をむき、薄切りにする。
調理：30分	・砂糖50g	
寝かせ時間：1時間	・レモン汁大さじ3	・小鍋にショウガを入れ、2倍の高さまで水を注ぐ。
スパイスの調達：手軽	・炭酸水1リットル	
	・塩	・弱火で20分間ほど煮てから5分間冷まし、濾す。

・砂糖と塩ひとつまみを加える。

・シロップ状になるまで10分間ほど煮てから冷ます。

・ピッチャーにシロップ、レモン汁、炭酸水を注ぐ。

・好みで氷を加えてサーヴィスする。

アナニス

マルゴ・ルカルパンティエ

　アニスの風味豊かなエキゾティックなこのカクテルのレシピを教えてくれたのはマルゴ・ルカルパンティエ。パリ、ベルヴィル地区のバー、コンバで働くバーテンダーだ。

　パイナップルを漬けたラム酒は市販のものを買っても、自分で作っても。自分で作る場合は、パイナップルを切り分けて、数日間ラム酒に漬けておく。

1杯分

準備：10分

スパイスの調達：手軽

材料

- レモン汁20ml
- アニスの香りのリキュール（パスティスなど）5ml
- ゲンチアナのリキュール（スーズなど）15ml
- パイナップルを漬けたラム酒 30ml
- アガベシロップ10ml
- 氷
- セージ1枚

作り方

- シェーカーにレモン汁、アニスリキュール、ゲンチアナリキュール、ラム酒、アガベシロップを順番に入れていく。

- 最後に氷を入れ、よくシェイクしてから濾す。

- カクテルグラスに氷を入れる。

- 濾したカクテルを氷の上に注ぎ、セージの葉を1枚置いてすぐにサーヴィスする。

付録

ご協力くださった方々

ヨーロッパ

Valérie Baudard　ヴァレリー・ボダール

キャンディやチョコレートなどのスイーツショップ、ラ・カイユ・ブランシュの創業者。ルーツであるレユニオン島（モーリシャス島近くに位置するフランスの海外県）から多くのヒントを得たスウィーツ作りをしている。

Nicolas Caillet　ニコラ・カイエ

ブルターニュ、ディナンのヴァン・ド・ヴァニーユのパティシエ。

Lissa Christie　リサ・クリスティ

シルバー・アイランド・ヨガ主宰者。シルバー・アイランド・ヨガは彼女がギリシャに所有する島にあり、ヨガだけでなく地中海の香り豊かなベジタリアン料理も楽しめる隠れ家的な場所。

François Duveau　フランソワ・デュヴォー

フランスで香草やスパイスの生産・販売を手がけるアダトリスの共同設立者。

Sonia Ezgulian　ソニア・エズグリアン

フランス人の料理人で、ルーツであるアルメニア料理に深い愛着がある。『スパイス（*Les Épices*）』（Stéphane Bachès）『私の野菜料理（*Ma petite cuisine potagère*）』（Flammarion）など著書多数。

Fabriquiez Ferrara　ファブリツィオ（ファブリケズ）・フェッラーラ

パリのレストラン、オステリア・フェッラーラのシェフ。シチリア島出身で、ピザやパスタ以外のイタリア料理をパリに広めた立役者の一人。

Magda Gegenava
マグダ・ジェジェナヴァ

パリのレストラン、シェ・マグダのシェフで、ジョージアの家庭料理にヒントを得た料理を提案している。レフュジー・フードフェスティバル（難民フードフェスティバル）で注目を浴びた。

Alberto Herráiz　アルベルト・エライス

スペインの料理人一家の5代目に生まれる。母国で料理人としての一歩を踏み出し、1997年にフランスに移り、パリ、ケ・デ・グラン・ゾーギュスタンにフォゴンを開店。パリのスペインレストランの代表格となり、ミシュラン一つ星を獲得。2017年には閉店して、惣菜店フォゴン・ウルトラマリノスを開店。著書多数。特に『パエリア108レシピ（*Paëlla, 108 recettes*）』（Éditions Phaidon）はバイブル的パエリアレシピ本。

Petrus Jacobsson　ペトリュス・ヤコブソン

スウェーデン、ストックホルムのパン店バゲリ・ペトリュス創業者。質の高いパンとペストリーを作り続けている。

Demet Korkmaz Carmona　デメト・コルクマズ・カルモナ

クルドの家庭料理を追求するジャーナリスト。料理をこよなく愛している。フランス在住。

Evangelia Koutsovoulou　エヴァンジェリア・クトソヴル

ギリシャのハーブ、スパイスメーカー、ダフニス&クロエの設立者。アテネで生活し、働いている。

Ecaterina Paraschiv　エカテリーナ・パラスキヴ

ルーマニア生まれ、パリ在住。2017年にイブリク・カフェを開店し、パリ市民たちにバルカン半島の雰囲気を伝える。2019年にはイブリク・キッチンを開店し、ルーツであるルーマニアをアピール。著書に『イブリク、私のバルカン料理 (*Ibrik, ma cuisine des Balkans*)』(Marabout) がある。

Estérelle Payany　エステレル・パヤニー

ジャーナリスト、ライター。テレラマ・ソルティール誌の料理批評担当。『残り物は美味しい (*La Cuisine des beaux restes*)』(*Flammarion,* 2021年4月)、『ベジタリアン料理事典 (L'*Encyclopédie de la cuisine végétarienne* (Flammarion, 2015年)、『プロヴァンス (*Provence*)』(Hachette、2015年) など30冊ほどの著書がある。

Apollonia Poilâne　アポロニア・ポワラーヌ

アポロニアは、祖父が1932年にパリのシェルシュ・ミディ通りに開店した家族経営のパン店を継いで、経営している。ポワラーヌはアーティザナルでありながら世界的に知られたパン店で、パリに4軒、ロンドンに1軒の店を構え、工場では毎日10トンのパンが生産され、25か国に出荷されている。『ポワラーヌ：穀類からパンへ (*Poilâne - Des grains aux pains*)』(Éditions de l'Épure) などの著書あり。

Mathilde Roellinger　マティルド・ロランジェ

マティルドは弁護士だったが、故郷カンカルに戻ってエピス・ロランジェの経営に参加することを決意した。現在では父オリヴィエ・ロランジェの作り出すスパイスのほかに、彼女の手によるラ・プードル・ボタニック・デテなどのオリジナルスパイスも販売している。

Olivier Roellinger　オリヴィエ・ロランジェ

ブルターニュ地方カンカルのフレンチシェフ。1982年に実家にメゾン・ド・ブリクールをオープン。家族経営のこぢんまりとした店だったが、2006年にはミシュラン3つ星を獲得。2008年には店を閉じて、スパイスとエピス・ロランジェの活動に集中し、持続可能な農法で栽培されている最上のスパイスを求めて世界各地を回っている。

Annabelle Schachmes　アナベル・シャクメス

パリ在住ジャーナリスト。特にユダヤ料理を専門とし、著書『ユダヤ料理（*La Cuisine juive*）』（Éditions Gründ）もある。

Gilles Verot　ジル・ヴェロ

メゾン・ヴェロでシャルキュトリー作りを手がける。父も祖父もシャルキュトリー職人。1996年にパリに移り、以降アメリカ在住のミシュラン星付きシェフ、ダニエル・ブリュと提携し、パリ、ロンドン、アメリカで高い評価を受けている。

Nicolas Verot　ニコラ・ヴェロ

ジルの息子。メゾン・ヴェロでシャルキュトリー作りを手がける。伝統的な最高のノウハウと、現代に合ったレシピ、厳選した仕入れを通して、特徴あるシャルキュトリーを作っている。

Laura Zavan　ラウラ・ツァヴァン

トレヴィーゾ出身、パリ在住。イタリア料理に関する10冊ほどの著書があり、イタリアの様々な地域の料理を正確に紹介することにこだわっている。

アフリカ

Habib Bahri　ハビブ・バーリ

ハビブは農産物加工大企業でのキャリアを手放して、チュニジアの祖父のオリーブ畑を継ぎ、パリでチュニジアの気候を生かした製品ブランド、ババ・バーリを立ち上げた。

Katia Barek　カティア・バレク

アルジェリア、カビール地方色豊かな食材店兼レストラン、マジュジャの創業者。歴史と風味にあふれるアルジェリア料理を提案している。

Alexandre Bella Ola　アレクサンドル・ベッラ・オラ

カメルーン出身。1995年にパリ郊外モントルイユにレストラン、リオ・ドス・カマロスを開き、アフリカの定番料理を提供している。2009年にはケータリングサービス、ムッサ・ラフリカンを立ち上げたほか、『マフェ、ヤッサ＆ゴンボ（*Mafé, Yassa et Gombo*）』（Éditions First）など複数の著書あり。

Meryem Cherkaoui　メリエム・チェルカウイ

モロッコ出身のシェフ。学習を通して身に着けたフランスの調理技術と母国の味を融合させて、独自の料理を提案している。世界各地でアドバイザー活動もしており、モロッコの特産品のアピールに力を入れている。

Anto Cocagne　アント・コカーニュ

シェフ・アントの名で知られる。フランスのひねりがきいたアフリカ料理を提供している。著書に『アフリカの味わい（*Goûts d'Afrique*）』（Mango）がある。

Fatéma Hal　ファテマ・ハル

ファテマが1984年に開いたレストラン、マンスーリアはパリのモロッコ料理の代表格。2005年に刊行した『モロッコ料理大辞典（*Le Grand Livre de la cuisine marocaine*)』(Hachette)など、モロッコ料理のバイブル的書籍を複数発表している。

Nordine Labiadh　ノルディーヌ・ラビアド

パリのレストラン、ア・ミ・シュマンのシェフ。ミ・シュマンは「中間」の意味で、生まれ故郷チュニジアの料理と、愛するフランス料理の中間に位置する料理を提案する。妻、ヴィルジニーがワインのセレクトを担当。

Dieuveil Malonga　デューヴェイル・マロンガ

ルワンダ出身のシェフ。2014年にフランスのテレビ番組、トップ・シェフに参加。現在はルワンダで料理事業を手がける。

Nora Sadki　ノラ・サドキ

パリでアルジェリア、カビール地方の食材店を経営し、レストラン、マジュジャのシェフを務める。

Pierre Thiam　ピエール・ティアム

セネガル出身、ニューヨーク在住のシェフ。ニューヨークのレストラン界でアフリカ料理に新たな光を当てた。アメリカにヒントを得たカジュアルなファストフードチェーン、テランガと、現代の消費者向けにアレンジしたアフリカの伝統食材をアピールする食品ブランド、ヨレレの創業者。

アジア

Barbara Abdeni Massaad　バルバラ・アブデニ・マッサード

料理ライター、写真家、コンサルタント、テレビ司会者。ベイルート出身で、長年アメリカに在住し、現在ではベイルートで生活・仕事をしている。レバノンピザの本『マナイーシ：レバノンの街角のパン屋（*Man'oushe: Inside the Lebanese Street Corner Bakery*)』の著者。ベイルートでスロー・フードという名の団体を主宰している。

Chitra Agrawal　チトラ・アグラワル

シェフ、料理ライター。著書『ヴァイブラント・インディア：バンガロールのフレッシュベジタリアンレシピ（*Vibrant India: Fresh Vegetarian Recipes From Bangalore*)』は批評家から高く評価された。ニューヨーク、ブルックリン地区に伝統製法の調味料工場ブルックリン・デリーを設立し、インド料理にヒントを得た製品を製造している。

Leetal Arazi　リータル・アラジ

夫ロンとニューヨーク・シュクを共同経営する。家族は東欧、トルコ出身。ブルックリンにあるニューヨーク・シュクでは、伝統製法に則った中東の食品を販売。リータルのインスピレーション源は、中東のセファルディム〔ユダヤ人〕の料理。

付録　　**227**

Parvinder Bali　パーヴィンダー・バリ

オベロイ学習・開発センターの調理学校校長。インドの高級ホテルグループ、オベロイでシェフ養成を担当。数え切れないほどのシェフを世界各地に送り出す。インドの料理遺産を守ることに力を入れている。

Antonin Bonnet　アントナン・ボネ

パリのレストラン、カンスのシェフ。ルーツであるフランス文化を超えて、妻と妻の家族を通して発見した朝鮮料理を心から愛している。

Manjit Gill Singh　マンジット・ギル・シン

約40年来、インドの高級ホテルグループITCでチーフシェフを務める。ブハラ、ドゥム・プット、ダクシン、ケバヌ&カリー、ロイワル・ヴェガなどインド料理を代表するレストランの構想から経営までを手がけた。

Karim Haidar　カリム・ハイダー

レバノン出身のシェフ。パリの惣菜店ル・モ・エ・ル・シエルでの調理のほか、リザなど、パリ、ベイルート、ロンドンの有名なレバノンレストランのメニューを手がける。著書多数。シェフや、ガストロノミー・文化方面の著名人と共同で、料理アカデミーの設立に向けて活動中。

Khanh-Ly Huynh　カン・リー・フイン

パリのアジア風コーヒーショップ、ザ・フードの共同創業者。2015年にフランスのTV番組マスターシェフで優勝。

Reem Kassis　リーム・カシス

幼少期をエルサレムで過ごしたのち、アメリカ、フランス、ドイツ、ヨルダン、イギリスなど世界各地に住み、働いている。実家の料理を題材にした『パレスティナのテーブル（*Table palestinienne*）』、現代アラブ料理を扱った『アラベスク（*Arabesque*）』などの著書あり。

Luna Kuong　ルナ・キュン

韓国出身の料理コンサルタント。『気軽な韓国料理（*Easy Corée, Les Recettes de mon pays tout en images*)』（Éditions Mango、2020年）など著書多数。

Linh Lê　リン・レー

ベトナム出身、フランス在住。料理をこよなく愛する。著書『美味なベトナム（*Vietnam exquis, une cuisine entre ciel et terre*)』（Minerva）は、旅行記兼レシピ本、そして祖先の地と自分との関係についてのエッセイでもある。

Pearlyn Lee　パーリン・リー

パリのアジア風コーヒーショップ、ザ・フードの共同創業者。シンガポールとマレーシアの本物で上質な風味の料理をパリに広めることに力を入れている。

Tomy Mathew　トミー・マシュー

ケララ地方で生まれ育ったトミーは、生産者が正当な対価を得られるよう、ケララ地方フェアト
レード協会を立ち上げ、農産物、特にスパイスの普及に努めている。

Tamir Nahmias　タミール・ナーミア

イスラエル出身、パリ在住のシェフ。パリのレストラン兼惣菜店アダールでは、パリのラストラ
ンスなど多くの高級レストランでの経験を活かし、自らのオリエンタルなルーツとフランス料理
が融合したメニューを提案する。

Jose Varkey Plathottathil　ジョゼ・ヴァルキー・プラトッタシル

ホテルグループ、CGHアースのチーフシェフの一人。インド南部で、観光業を通した文化・
環境保護に熱心に取り組んでいる。インド南部とアーユルヴェーダ料理のスペシャリストで、「ウェ
ルネスシェフ」を自認している。

Leela Punyaratabandhu　リーラ・プンヤラタバンドゥ

タイ料理をテーマとする料理ライター。著書に『バンコクとシンプルタイ料理（*Bangkok et
Simple Thai Food*）』あり。

Myriam Sabet　ミリアム・サベト

シリア生まれ。子どもの頃に味わった素晴らしい風味のペストリーを売る店がないと感じて、
2014年にパリのマレ地区にペストリー店メゾン・アレフを開いた。店では、レバント地域のスウィー
ツとフランスのペストリーが交じり合う美味なペストリーのほか、ソルティなものも提供している。

Ryoko Sekiguchi　関口涼子

文学と食の両方で活躍する作家、詩人、翻訳家。『名残り：去り行く季節へのノスタルジー
（*Nagori : la nostalgie de la saison qui vient de nous quitter*）』（Éditions POL）など著書多数。
エピス・ロランジェと共同で日本風カレーを開発した。

Manoj Sharma　マノジュ・シャルマ

インド、デリー出身。オベロイグループでキャリアを積み、ロンドンに移り、リーソイbyヴィニー
トやシナモンクラブなどで働いた。現在パリ在住で、レストラン、ジャガッドを開きモダンなイ
ンド料理を提案する。

Vivek Singh　ヴィヴェック・シン

モダンなコンセプトのインド料理を提案した最初のレストランのひとつ、ロンドンのシナモンクラ
ブのシェフ。インドガストロノミーを世界に広めた立役者の一人であり、ロンドンとオックスフォー
ドで5軒のレストランを経営している。

Ranwa Stephan　ランワ・ステファン

パレスティナ出身で、幼少期からパリ在住。長年、中東戦争のドキュメンタリーを制作してい
たが、現在はパリ郊外クールヌーヴにアーティザナルな缶詰店レ・デリス・ド・ログレスを立ち
上げ、オリエンタルなスパイスを使ったひねりのきいた缶詰を販売している。

Sayeh Zomorrodi　サイエ・ゾモロディ

イラン、テヘラン生まれの建築家。パリ在住。料理が大好きで、レストラン、リブラを回転して、
モダンなペルシャ料理を提供している。

Margot Zhang　マーゴット・ジャン

北京生まれ、北京育ちの中国語教師。母と祖母から料理への愛情を受け継いだ。ブログ「Cuisine
d'une Chinoise（ある中国女性の料理）」で広く知られるようになる。増井千尋、ミン＝タム・トランと
の共著『アジアの麺類（Nouilles d'Asie）』（éditions du Chêne, 2016年）をはじめとする著書がある。
現在香港在住。

アメリカ

Diego Badaro　ディエゴ・バラド

ブラジルのチョコレートメーカー、アンマの創業者。

David Lebovitz　デイヴィッド・レボヴィッツ

パティシエ。長年、アメリカ、バークレーにあるアリス・ウォータースの有名レストラン、シェパニー
ズで働いた。

Carlos Moreno　カルロス・モレノ

メキシコ出身。パリのレストラン、パリ・メキシコのシェフ。

Dinara de Moura　ディナーラ・デ・モウラ

ブラジル生まれ、ブラジル育ちのプライベートシェフ。

Nik Sharma　ニク・シャーマ

人気の料理本『シーズン（Season）』と『風味の方程式（The Flavor Equation）』の著者。
出身地インドと、現在暮らしているアメリカの両方からインスピレーションを得ている。

Enrique Zanoni　エンリケ・ザノーニ

エンパナーダとアルゼンチンアイスクリームをメインとするレストラングループ、クラシソ・アルゼ
ンチーノの創業者。

レシピ索引

赤コショウ、カルダモン、シナモン風味の
　　チョコレートムース　202

アナニス　221

アヒ・アマリージョペースト　137

アヒ・アマリージョ風味の
　　レチェ・デ・ティグレ　138

5つの香りのタラ　176

インド風スープ、レモンのラッサム　153

ヴァドゥーヴァン風ムール貝の
　　ワイン蒸し　172

エンパナーダ　158

ガラムマサラ　141

カレーチャーハン　171

キムチ　130

グリーンピーマンとニンジンのピラフ　162

グリーンペッパー入り鴨のテリーヌ　150

ケフテデス　191

ゴールデンラテ　215

五香粉　149

コショウ入り豚の角煮　196

ザータル　142

サモサ　154

シナモンロール　210

ジンジャーエール　220

スウィートマンゴピクルス　134

スズキのセヴィーチェ　174

スパイシーフルーツサラダ　208

スパイシーホットワイン　219

タイグリーンカレー　144

チェルムーラ風エビ　179

チキングリーンカレー　182

チルモル・デ・パト&鴨のささ身の
　　モーレ　186

ナスのピクルス　133

バターナッツタルト　206

ババ・オ・ラム　212

バハラット　147

春野菜とイベリコ豚のハムの
　　パエリア　200

ファラフェル　166

フォー　192

プレDG　188

ブレックファストポテト　165

プレヤッサチキン　185

ブロッコリーのトウガラシ&
　　花椒炒め　161

ホロホロチョウのビリヤニ　180

マサラチャイ　216

ムルージア　195

モロッコ風ビーツサラダ　157

野菜のクスクス　168

柚子胡椒　129

リンゴのシュトゥルーデル　204

ルガイユ・ソシス　199

レッドノコス　139

231

参考文献

ヨーロッパ

Bénédict Beaugé, *Michel Troisgros et l'Italie*, Glénat, 2009.

Jeanne Bourin, *Cuisine médiévale pour tables d'aujourd'hui*, Flammarion, 2010.

Lissa Christie & Corné Ulys, *Silver Island Recipes*, Silver Island, 2017.

Musa Dagdeviren, *Turquie : Le Livre de cuisine*, Phaidon, 2019.

François-Régis Gaudry et ses amis, *On va déguster l'Italie*, Marabout, 2020.

François-Régis Gaudry et ses amis, *On va déguster La France*, Marabout, 2017.

Rose Gray & Ruth Rogers, *The River Cafe, Classic Italian Cookbook*, Penguin Group, 2009.

John Gregory-Smith, *Turkish Delights*, Kyle Books, 2018.

Olia Hercules, *Kaukasis The Cookbook : The Culinary Journey through Georgia, Azerbaijan & Beyond*, Mitchell Beazley, 2017.

Olia Hercules, *Mamushka : Recipes from Ukraine & Beyond*, Mitchell Beazley, 2015.

Olia Hercules, *Kaukasis, Mitchell Beazley*, 2017.

Pierre Hermé, *Larousse des desserts*, Larousse, 2006.〔ピエール・エルメ『ラルース新デザート事典』細川布久子訳、同朋舎メディアプラン、2008年〕

Alberto Herràiz, *Paella*, Phaidon, 2011.

Tessa Kiros, *Food From Many Greek Kitchens*, Andrews McMeel Publishing, 2011.

Ecaterina Paraschiv-Poirson, *IBRIK - Ma cuisine des Balkans : 100 recettes de Bucarest à Istanbul*, Marabout, 2020.

Estérelle Payany, *Provence*, Hachette Cuisine, 2014.

Olivier Roellinger, *Une cuisine contemporaine*, Flammarion, 2008.

Olivier Roellinger et Christian Lejalé, *Voyage aux pays des merveilles, Tome 1, Les Parfums de l'enfance*, Imagine&Co, 2010.

Olivier Roellinger et Christian Lejalé, *Voyage aux pays des merveilles, Tome 2, Épices et Roellinger*, Imagine&Co, 2012.

Olivier Roellinger, *Trois étoiles de mer*, Flammarion, 2008.

Julia Sammut, *Kalamata*, Keribus Éditions, 2017.

Annabelle Schachmes, *La Cuisine juive*, Gründ, 2015.

Taillevent, *Le Viandier*, Tredition Classics, 1490 (rééditions diverses).

David Lebovitz, *My Paris Kitchen : Recipes and Stories*, 2014.

Alissa Timoshkina, *Salt & Time : Recipes from a Russian Kitchen*, Mitchell Beazley, 2019.

Gilles & Nicolas Verot, *Terrines, rillettes, saucisses & pâtés croûte*, Chêne, 2020.

Laura Zavan, *Balade Gourmande en Italie*, Mango, 2019.

Laura Zavan, *Dolce*, Marabout, 2014.

Laura Zavan, *Ma Little Italy*, Marabout, 2006.

Laura Zavan, *Venise, Les Recettes cultes*, Marabout, 2013.

アフリカ

Alexandre Bella Ola, Joëlle Cuvilliez, Jean-Luc Tabuteau, *Mafé, Yassa et Gombo*, First Editions, 2020.

Alexandre Bella Ola, *Cuisine actuelle de l'Afrique noire,* First-Gründ, 2012.

Chef Anto, *Goût d'Afrique*, Mango, 2019.

Meryem Cherkaoui, *Mon Maroc, ma cuisine*, Low Price Edition, 2019.

Yohanis Gebreyesus, *Ethiopia*, Kyle Books, 2018.

John Gregory-Smith, O*range Blossom & Honey : Magical Moroccan recipes from the souks to the Sahara*, Kyle Books, 2018.

Fatéma Hal, *Le Grand Livre de la Cuisine marocaine*, Hachette Pratique, 2005.

Nordine Labiadh, *Paris Tunis*, Tana éditions, 2016.

Nordine Labiadh, *Couscous pour tous*, Solar, 2020.

Youssou N'Dour, *Sénégal, La Cuisine de ma mère*, Minerva, 2004.

Odette Touitou, *Tunisie, La Cuisine de ma mère*, Minerva, 2003.

アジア

Jean-Louis André, *Le Vrai Goût du Vietnam*, Hermé, 2005.

Anirudh Arora & Hardeep Singh Kohli, *Food of the Grand Trunk Road : Recipes of Rural India, from Bengal to the Punjab*, New Holland Publishers Ltd, 2011.

Chitrita Banerji, *Eating India : An Odyssey Into the Food and Culture of the Land of Spices*, Bloomsbury Publishing PLC, 2007.

Vineet Bhatia, *Rasoi : New Indian Kitchen*, Absolute Press, 2009.

Sally Butcher, *Persepolis : Vegetarian Recipes from Peckham, Persia and Beyond*, Pavilion, 2016.

Sally Butcher, *Salmagundi : Salads from the Middle East and Beyond*, Pavilion, 2014.

Kei Lum Chan et Diora Fung Chan, *Le Livre de cuisine*, Phaidon, 2020.

Trieu Thi Choi & Marcel Isaak, *Authentic Recipes from Vietnam*, Periplus Editions, 2005.〔チュウ・シー・チェ、マルセル・アイザック『ベトナム料理 : 自然豊かな癒しの国の食をきわめる(アジア食文化紀行)』長島裕子訳、チャールズ・イー・タトル出版ペリプラス事業部、2002年〕

Fushia Dunlop, *Every Grain of Rice*, Bloomsbury Publishing, 2019.

Friends International, *From Spiders to Water Lilies*, Friends International, 2007.

Sabrina Ghayour, *Feasts*, Mitchell Beazley, 2017.

Sabrina Ghayour, *Sirocco*, Mitchell Beazley, 2016.

Sabrina Ghayour, *Persiana*, Mitchell Beazley, 2014.

Karim Haïdar et Andrée Maalouf, *Saveurs libanaises*, Albin Michel, 2015.

Madhur Jaffrey, *A Taste of India*, Pavilion, 2003.

Madhur Jaffrey, *Madhur Jaffrey's Ultimate Curry Bible*, Penguin Random House, 2003.

Harumi Kurihara, *Harumi Kurihara dans votre cuisine*, Flammarion, 2010.〔栗原はるみ『ごちそうさまが、ききたくて』文化出版局、1992年〕

Linh Lê, *Vietnam exquis,* La Martinière, 2014.

Byung-Hi Lim et Byung-Soon Lim, *Le Petit Livre du kimchi et autres plats coréens*, Marabout, 2016.

Saliha Mahmood Ahmed, *Khazana : An Indo-Persian cookbook with recipes inspired by the Mughals*, Hodder & Stoughton, 2018.

Chihiro Masui, Minh-Tâm Trân et Margot Zhang, *Nouilles d'Asie*, Chêne, 2016.

Yotam Ottolenghi et Ixta Belfrage, *Flavour*, Ebury Press, 2020.

Yotam Ottolenghi et Sami Tamimi, *Jerusalem*, Ebury Press, 2012.

Usha R Prabakaran, *Usha's Pickle Digest*, Pebble Green Publications, 1998.

Leela Punyaratabandhu, *Bangkok*, Ten Speed Press, 2017.

Leela Punyaratabandhu, *Simple Thai Food*, Ten Speed Press, 2014.

Ryoko Sekiguchi et Famille Roellinger, *Le Curry japonais : 10 façons de la préparer*, Les Éditions de l'Épure, 2020.

Vivek Singh, *Cinnamon Kitchen*, Absolute Press, 2012.

Meera Sodha, *Made in India: Cooked in Britain, Recipes from an Indian Family Kitchen*, Fig Tree, 2014.

Michael Solomonov et Steven Cook, *Zahav - A World of Israeli Cooking*, A Rux Martin Book, 2016.

Sami Tamini and Tara Wigley, Falastin, Ebury Press, 2020.

Anchalee Tiaree, *La Thaïlande : La Cuisine de ma mère*, Minerva, 2007.

Alain Vanden Abeele, *Masala*, Lanoo Publishers, 2011.

アメリカ

Martin Allen Morales, *Ceviche : Peruvian Kitchen*, Weidenfeld & Nicolson, 2013.

David Lebovitz, *Ready for Dessert : My Best Recipes*, Ten Speed Press, 2010.

Nik Sharma, *The Flavor Equation*, Chronicle Books, 2020.

Nik Sharma, *Season*, Chronicle Books, 2018.

Alice Waters, *The Art of Simple Food*, Clarkson Potter, 2007.

歴史、文化、ウェルビーイング

Hélène d'Almeida-Topor, *Le Goût de l'étranger : Les Saveurs venues d'ailleurs depuis la fin du xviii*ᵉ *siècle*, Armand Colin, 2006.

Lizzie Collingham, *Curry : A Tale of Cooks and Conquerors*, Vintage, 2006

Lizzie Collingham, *The Hungry Empire: How Britain's Quest for Food Shaped the Modern World*, Vintage, 2017.〔リジー・コリンガム『大英帝国は大食らい : イギリスとその帝国による植民地経営は、いかにして世界各地の食事をつくりあげたか』松本裕訳、河出書房新社、2019年〕

William Dalrymple, *White Moghols*, Harper-Collins, 2002.

Jean-Claude Ellena, *Atlas de botanique parfumée*, Arthaud, 2020.

Jean Favier, *De l'or et des épices*, Fayard, 1987.

Peter Frankopan, *The Silk Roads : A New History of the World*, Bloomsbury Publishing, 2015.〔ピーター・フランコパン『シルクロード全史（上下）』須川綾子訳、河出書房新社、2020年〕

K.T. Achaya, *Indian Food : A Historical Companion*, Oxford India Paperbacks, 1994.

Catherine Lacrosnière, *L'Alimentation anti-inflammatoire*, Albin Michel, 2019.

Bruno Laurioux, *Une histoire culinaire du Moyen Âge*, Honoré Champion, 2005.〔ブリュノ・ロリウー『中世ヨーロッパ食の生活史』吉田春美、原書房、2003年〕

Claudine Luu et Annie Fournier, *300 plantes médicinales de France et d'ailleurs*, Terre Vivante, 2020.

Estérelle Payany, *Atlas de la France gourmande*, Autrement, 2016.

Estérelle Payany, *Au cœur de la cuisine française*, Télérama hors-série, n° 210, 2017.

Marco Polo, *Le Devisement du monde*, La Découverte, 1980.〔マルコ・ポーロ『東方見聞録』長澤和俊訳、角川書店、2020年他〕

Ratna Rajaiah, *How the Banana Goes to Heaven*, Westland Ltd, 2010.

Olivier Roellinger, *Des comptoirs à la cuisine*, Actes Sud, Arles, 2007.

Maya Tiwari, *Ayurveda : A Life of Balance*, Motilal Banarsidass Publisher, 2005.〔マヤ・ティワリ『アーユルヴェーダの食事療法 : 至福の体質別レシピ』船越隆子、笠原知加子、西川眞知子訳、フレグランスジャーナル社、2001年〕

スパイスとシーズニング

Éric Birlouez, *Les Miscellanées des épices*, Éditions Ouest-France, 2016.

Sonia Ezgulian, *Les Épices*, Éditions Stéphane Bachès, 2014.

Stuart Farrimond, *The Science of Spice*, DK, 2018.〔スチュアート・ファリモンド『スパイスの科学大図鑑』中里京子訳、誠文堂新光社、2021年〕

Marie-Pierre Arvy et François Gallouin, *Épices, aromates et condiments*, Belin, 2003.

Mireille Gayet, *Grand traité des épices*, Le Sureau, 2010.

Louis Lagriffe, *Le Livre des épices, des condiments et des aromates*, Robert Morel Éditeur, 1968.

John O'Connell, *The Book of Spice*, Profile Books, 2015.

Karen Page, *The Vegetarian Flavor Bible*, Little, Brown and Company, 2014.

Karen Page, *The Flavor Bible : The Essential Guide to Culinary Creativity*, Little, Brown and Company, 2008.

Jean-Marie Pelt, *Les Épices*, Fayard, 2008.

Inès Peyret, *Le Dictionnaire à tout faire des épices*, Éditions du Dauphin, 2011.

Hubert Richard, *Épices et aromates*, Tec & Doc Lavoisier/Apria, 1992.

Alain Stella, *Le Livre des épices*, Flammarion, 1998

Thierry Thorens, *Variations sur les épices, Enctclopédie culinaire*, Actes Sud, Arles, 2001.

謝辞

　スパイスを訪ねるこの素晴らしい旅を支えてくださった皆様に心からのお礼を申し上げます。無条件に応援してくれ、この本の執筆中とても熱心に料理を味見してくれた愛する夫ヤニック・ミゴット。いつも支えてくれた家族——両親のパドマヴァティとダモダリ——、兄弟のラム、姉妹のバスマ、そしてそれぞれの家族。スパイスを愛し、レシピをシビアにチェックしてくれた母には特に感謝しています。

　私の世界旅行に的確なアドバイスをくださった編集者のセリア・オジエ＝ラフォンテースにもお礼申し上げます。

　序文を書いてくださったオリヴィエ・ロランジェにも感謝しています。10年以上前からインドを中心にオリヴィエとスパイスの世界を訪ねることは、私にとって大きな幸せです。そしてこの旅を引き継いでくださったマティルド・ロランジェにも厚くお礼申し上げます。

　本書の美しい装丁を手がけてくださったデルフィーヌ・コンスタンティーニとナターシャ・アルヌーにも感謝いたします。

　スパイスの世界の様々な知識、発見、ご友人たちをご紹介くださったクレール・ピションとエステレル・パヤニーには特にお礼申し上げます。

　以下に挙げるシェフ、料理ライター、生産者の方々は、とても快くスパイスへの愛情を共有してくださいました。

　アルベルト・エライス、アレクサンドル・ベッラ・オラ、アナベル・シャクメス、アンウ＝ロール・ファム、シェフ・アント、アントナン・ボネ、アポロニア・ポワラース、バルバラ・マッサード、カトリーヌ・ラクロニエール、チトラ・アグラワル、デイヴィッド・レボヴィッツ、デメト・コルクマズ・カルモナ、ディエゴ・バダロ、デューヴェイル・マロンガ、エカテリーナ・パラスキヴ、エンリケ・ザノーニ、エステレル・パヤニー、エヴァンジェリア・クトソヴル、ファテマ・ハル、フランソワ・デュヴォー、ジル・ヴェロ、ハビブ・バーリ、ジョゼ・ヴァルキー・プラトッタシル、カリム・ハイダー、カティア・バレク、カン・リー・フイン、クロトゥム・コナテ、ラウラ・ツァヴァン、リーラ・プンヤラタバンドゥ、リータル・アラジ、リン・レー、リサ・クリスティ、ルナ・キュン、マンジット・ギル・シン、マノジュ・シャルマ、マルゴ・ルカルパンティエ、マーゴット・ジャン、マルティン・アレン・モラレス、マティルド・ロランジェ、メリエム・チェルカウイ、ミリアム・サベト、ニコラ・カイエ、ニコラ・ヴェロ、ニク・シャーマ、ノラ・サドキ、ノルディース・ラビアド、パーリン・リー、ペトリュス・ヤコブソン、ピエール・ティアム、ランワ・ステファン、リーム・カシス、関口涼子、サイエ・ゾモロディ、ソニア・エズグリアン、山口杉朗、タミール・ナーミア、トミー・マシュー、ヴァレリー・ボダール、ウィリアム・チャン・タト・チュエン。

　私の世界旅行の助けとなり、質問に答えてくださったお知り合いを紹介してくれた以下の友人たちにも感謝いたします。

　アニエス・ワルコリエ、キャロル・レイド・ガイヤール、デイヴィッド・レボヴィッツ、エミリー・フレシェール、エマニュエル・ランガード、フロランス・マゾ・コーニグ、イザベル・ローゼンバウム、ジョゼ・ドミニク、ロール・ルマルシャン、リサ・クリスティ、マリー＝ジョゼ・ティアン、マティルド・ロランジェ、ニク・シャーマ、パパマドゥ・ンゴム、サリマ・ハッドゥール。

　参考となる文献をご提案くださったリブレリー・グルマンドのデボラ・デュポン＝ダゲにも心からお礼申し上げます。

ビーナ・パラダン・ミゴット（Beena Paradin Migotto）

起業家。コンサルティング会社を経営。長年にわたり、さまざまなスパイスブレンドを開発してきた。彼女は、2021年にフラマリオンから出版された本書など、インド料理とスパイスに関する数冊の本の著者。

ダコスタ吉村花子（だこすた・よしむら・はなこ）

翻訳家。明治学院大学文学部フランス文学科卒業。リモージュ大学歴史学DEA修了。18世紀フランス、アンシャン・レジームを専門とする。主な訳書に『マリー・アントワネットの宴の料理帳』『マリー・アントワネットは何を食べていたのか』、『マリー・アントワネットと5人の男』、『女帝そして母、マリア・テレジア』、『美術は魂に語りかける』、『テンプル騎士団前史』、『十字軍全史』、『中世ヨーロッパ前史』などがある。

Atlas des épices
by Beena Paradin Migotto

Beena Paradin Migotto : Atlas des épices
© Flammarion, Paris, 2021
Japanese edition arranged through Bureau des Copyrights
Français, Tokyo.

［ヴィジュアル版］
世界のスパイス百科
大陸別の地理、歴史からレシピまで

2025年3月21日　第1刷

著　　　者　ビーナ・パラダン・ミゴット

訳　　　者　ダコスタ吉村花子

装　　　幀　村松道代

発　行　者　成瀬雅人

発　行　所　株式会社原書房

　　　　　　〒160-0022 東京都新宿区新宿1-25-13

　　　　　　電話・代表　03(3354)0685

　　　　　　http://www.harashobo.co.jp/

　　　　　　振替・00150-6-151594

印　　　刷　シナノ印刷株式会社

製　　　本　東京美術紙工協業組合

　　　　　　©Hanako Dakosta Yoshimura 2025

ISBN 978-4-562-07523-2 printed in Japan